高等院校纺织服装类"十三五"部委级规划教材

Illustrator 辅助服装设计

王宏付 著

东华大学出版社
·上海·

内容简介

本书以 Illustrator 为基础，以服装设计为主线，根据作者多年的作品设计与软件课程教学经验，通过大量实例，系统地介绍了 Illustrator 软件辅助服装设计的使用方法、技巧和表现技法。内容包括服装 CIS 设计、服饰图案设计、服装面料设计、服装款式设计、服装结构设计、服饰配件设计、头像表现技法、服装效果图表现技法等方面。

本书操作性强，可作为服装设计从业人员及服装设计专业院校师生的参考书，或培训学校学习 Illustrator 的培训教材，也可作为广大计算机平面设计爱好者的参考书。

图书在版编目（CIP）数据

　　Illustrator辅助服装设计/ 王宏付著. – 上海：东华大学出版社，2018.7
　　ISBN 978-7-5669-1428-6
　　Ⅰ.①I… Ⅱ.①王… Ⅲ.①服装设计–计算机辅助设计–图象处理软件 Ⅳ.①TS941.26
　　中国版本图书馆CIP数据核字(2018)第140530号

责任编辑　吴川灵
封面设计　雅　风

Illustrator辅助服装设计

王宏付　著

东华大学出版社出版

（上海延安西路1882号　邮政编码：200051）

新华书店上海发行所发行　苏州望电印刷有限公司印刷

开本: 889 mm × 1194 mm　1/16　印张: 11　字数: 394千字

2018年7月第1版　2018年7月第1次印刷

ISBN 978-7-5669-1428-6

定　价：38.00元

目　录

第 1 章　Adobe Illustrator 简介

Adobe Illustrator是由美国Adobe公司出品的一款专业矢量图形设计制作软件。该软件是目前最优秀的矢量图形设计软件之一，它以强大的功能和人性化的用户体验界面，成为全球优秀矢量编辑软件之一。

Adobe Illustrator主要功能是矢量绘图，此外，该软件还集排版、图像合成及高品质输出等功能于一身，并广泛应用于服装设计、VI设计、平面广告设计、包装设计、书籍装帧、CIS设计、名片、标签、网页及排版等方面。

Adobe Illustrator具有精良的绘图工具、富有表现力的各种画笔以及丰富的色板库资源和符号库资源，其强大的功能可以为线稿提供较高的精度和控制，能自由进行各种创意表现，精准地传达设计者的创作理念，非常适合服装平面款式图设计、服饰图案、服装面料以及服装插画的设计与绘制，适合绘制各种小型设计图形以及大型复杂图形。

1.1　基本概念

1.1.1　矢量图像

矢量图像，也称为面向对象的图像或绘图图像，在数学上定义为一系列由线连接的点。矢量文件中的图形元素称为对象。每个对象都是一个自成一体的实体，它具有颜色、形状、轮廓、大小和屏幕位置等属性，可以在维持原有清晰度和弯曲度的同时，多次移动和改变它的属性，而不会影响图例中的其他对象。基于矢量的绘图与分辨率无关，因此无论放大或缩小多少，对象均有一样平滑的边缘，一样的视觉细节和清晰度。矢量图像的形状更容易修改和控制，但是，色彩层次不如位图丰富和真实。常用的矢量绘制软件有Adobe Illustrator、CorelDRAW、FreeHand、Flash等。

1.1.2　对象

所有在工作区域内可编辑的都是对象。对象包括很多种类，比如曲线、图形、文字等。

1.1.3　节点、控制线、控制点

矢量图像中每个线段的端点有一个中空的方块，称为节点。可以用直接选择工具选择一个对象的节点，改变它的总体形状和弯曲角度。

点击节点时通过节点出现的蓝色的实线，称为控制线。

蓝色的控制线两边出现的两个点，称为控制点。可以通过拖动控制点来改变节点两侧的线段形态。

1.1.4　点选、圈选

点选：按V键切换到选择工具，或者直接点击工具栏左上方选择工具，将鼠标移动到待选的图形对象上，单击即可选中对象。

圈选：在待选的图形对象外围按住鼠标左键，拖动鼠标，此时可见一个黑色的虚线圈选框，当圈选框接触到待选的图形对象时，释放鼠标即可选定。使用此方法可以一次选取多个对象。

注意：圈选时鼠标无需完全包围整个对象，接触对象即可完成圈选。

1.1.5　加选、减选、全选

在点选时按住【Shift】键，可以连续选取多个图形对象。按住【Shift】键单击已被选取的图形对象，可以把该对象从已选取的对象中去掉，即将该对象改为非选取状态。按住【ctrl】键+【A】键，可以完成全部图形对象的选择；在图形对象以外的绘图页面中单击鼠标左键即可取消对图形对象的选取。

1.1.6 开放路径对象、封闭路径对象

开放路径对象的两个端点是不相交的。封闭路径对象指两个端点相连构成连续路径的对象。开放路径对象既可以是直线，也可以是曲线，例如用【铅笔工具】创建的线条、用【钢笔工具】创建的线条、用【画笔工具】创建的线条或用【螺纹工具】创建的螺纹线等。但是，在用【铅笔工具】、【画笔工具】或【钢笔工具】时，把起点和终点连在一起可以创建封闭路径。封闭路径对象包括圆、正方形、网格、多边形和星形等。封闭路径对象是可以填充的，而开放路径对象则不能填充。

1.1.7 Adobe Illustrator的可用图像存储格式

■AI图形文件格式

AI是Illustrator的默认图形文件格式，使用CorelDRAW、Illustrator、freehand、flash等软件都可以打开进行编辑，在Photoshop软件中可以作为智能对象打开。如果在Photoshop软件中使用传统方式打开，系统会将其转换为位图。

■EPS矢量格式

EPS文件虽然采用矢量格式记录文件信息，但是也可包含位图图像，而且将所有像素信息整体以象素文件的记录方式进行保存。而对于针对象素图像的组版剪裁和输出控制信息，如轮廓曲线的参数，加网参数和网点形状，图像和色块的颜色设备等，它将用PostScript语言方式另行保存。

1.2 Adobe Illustrator工作界面

当正确安装了Adobe Illustrator以后，执行"开始 \ 所有程序 \ Adobe Illustrator"命令或者双击桌面的快捷图标，即可进入Illustrator CC的工作界面，如图1-1所示。

图1-1 Illustrator CC的工作界面

1.2.1 定制自己的操作界面

如同其他的一些图形处理软件一样，Adobe Illustrator也为用户提供了很多的工具，为了避免诸如调色板中、工具条中或其他的一些浮动面板中不常用的功能按钮及小部件占用过多的屏幕空间，也为了使自己在工作时更加方便快捷地使用Adobe Illustrator，可以使用Adobe Illustrator提供的自定义界面功能，定制自己的操作界面。

在Adobe Illustrator中，不同面板布局位置可以任意调整，可以随意打开关闭或成组。将鼠标长按拖动工具栏或者面板栏，即可自定义工具栏位置，以及编辑面板栏中子面板的数量和位置。

在Adobe Illustrator中，还允许通过菜单栏的窗口选项来进一步定义工具栏、控制栏、面板栏等界面，可以设置显示或隐藏具有不同功能的控制面板，方便用户的操作，能帮助有效地利用界面空间和快捷地操作相关功能。

调用这些控制面板的方法也很简单：

■打开控制面板：单击菜单栏窗口选项，在弹出的窗口子菜单中勾选对应的控制面板，即显示其面板属性页；反之取消控制面板前面的勾选，即关闭其属性页。勾选导航器，即在页面中显示导航器属性页。

■调整控制面板：直接用鼠标拖动面板边缘，出现横向或斜向的双向箭头，拖动即可调整该控制面板的大小，建议初学者拖开箭头，能看到面板名称，方便快速熟悉其功能。

■浮动/层叠控制面板：将控制面板的标签拖动到工作区，释放鼠标即可将该控制面板浮动；反之，拖动浮动的控制面板到另一个控制面板上，即可将它们自动对齐，层叠组合起来。

■折叠/展开控制面板：单击控制面板左上角的"折叠"/"展开"按钮，即可折叠或展开控制面板。

■关闭控制面板：当你不需要某一控制面板时，可单击该控制面板右上角的"关闭"按钮，即可将该控制面板关闭。

定义好工作界面后，可以通过以下方法新建工作区，将自定义工作区进行存储，以方便以后使用。

单击标题栏中的"基本功能"按钮，选择"新建工作区"，输入"常用工作区"（或其他名称），即可保存该工作区。

■首选项的设置

在Adobe Illustrator中，还可以通过对首选项设置，帮助自定义操作界面。首选项是关于设计者希望Adobe Illustrator如何工作的选项，管理着软件中的命令和面板设置，包括显示、工具、标尺单位和导出信息等。

选择上方菜单栏的"编辑-首选项"或者"Ctrl+K"快捷键进入首选项设置，如图1-2所示。

图1-2　首选项设置

■常规设置

单击"常规"，窗口即出现橙色方框，可以对常规栏下的键盘增量、约束角度和圆角半径进行设置，同时可以自由勾选下方复选框。

■键盘增量

主要用于设定在使用键盘上的方向键进行移动操作时，被移动对象在每次按键时所移动的距离。很多时候都需要使用键盘来精确移动对象，这个数值应根据需要的移动量灵活设置，一般设置为1毫米。

图1-3　键盘增量设置

■约束角度

主要用于设置页面的坐标，一般情况下保持为0°。该设置会影响所有对象的坐标，如果数值设置为10°，那么意味着绘制的任何图形都将倾斜10°。

图1-4 约束角度设置

■圆角半径

主要用于设置"圆角矩形"的圆角半径数值，在Adobe Illustrator中还有其他路径可以设定圆角半径（例如：选中"圆角矩形工具"，在画板上单击，会弹出相应对话框，即可设置圆角半径数值）。

图1-5 圆角半径设置

■复选框勾选

Adobe Illustrator默认情况下勾选有"显示工具提示""消除锯齿图稿""打开旧版文件时追加转换""双击以隔离"，建议再勾选"缩放描边和效果"复选框。

图1-6 缩放描边和效果设置

■文字设置

单击"文字"，可以对文字栏下大小行距、字体调整、基线偏移进行数值设置，同时可以对下方复选框进行自由勾选。

图1-7 文字设置

■字体预览大小设置

字体预览有大、中、小三种等级进行选择，一般选择中等大小字体，如图1-8所示。

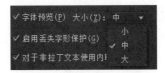

图1-8 字体预览大小设置

■单位设置

单击"单位"进行单位设置。Adobe Illustrator默认单位为PT，即磅或点的单位，在国内一般习惯于用毫米作为单位，建议将单位设置为"毫米"，画服装结构图时，可以将单位设置为"厘米"。

图1-9　单位设置

■界面颜色设置

Adobe Illustrator的窗口颜色默认为全黑色，相比较以前浅灰色版本有较大调整，可以通过首选项设置调整界面颜色。

单击"用户界面"，出现如图所示窗口。

图1-10　界面颜色设置

■界面颜色深浅设置

可以通过活动亮度下方按钮左右移动来进行颜色的深浅调整。

图1-11　界面颜色深浅设置

或者点击亮度后方倒三角的隐藏菜单，有深色、中等深色、中等浅色、浅色四种等级进行选择，设置好之后点击确定，即完成界面的色彩设置。

图1-12　界面的色彩设置

1.2.2 Adobe Illustrator的操作界面

当启动Adobe Illustrator后，在欢迎窗口中单击New Graphic（创建新图形）图标选项，就会出现如图1-13所示的绘图操作界面，Adobe Illustrator所有的绘图工作都是在这里完成的，熟悉操作界面，将是熟练使用Adobe Illustrator绘图的开始。

图1-13　创建新图形

选择菜单栏中"文件""新建"，将弹出如图所示的新建文档弹窗，在这里用户可以设置文件Adobe Illustrator文件标题、选择文件尺寸大小、画板数量以及出血量。

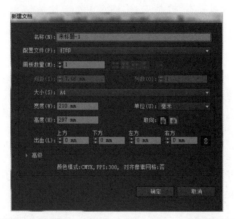

图1-14　创建文件标题、选择文件尺寸大小、画板数量以及出血量

设置好点击确定，将出现如图所示的工作界面，Adobe Illustrator的工作界面主要由标题栏、菜单栏、属性栏、状态栏、工具栏、面板栏组成。

图1-15　Adobe Illustrator的工作界面

■标题栏："标题栏"位于整个操作界面顶端，显示了当前应用程序名称及相应功能的快捷图标，以及控制文件窗口显示大小的按钮，如图1-16所示。

图1-16　标题栏

单击标题栏下"基本功能"按钮，将弹出下拉菜单，除了之前提到过的新建工作区，还可以根据图像需要进行更换工作界面等操作，如图1-17所示。

单击标题栏左侧程序图标，即可弹出菜单面板，可以执行最小化、最大化窗口以及关闭窗口等操作，如图1-18所示。

图1-17　基本功能

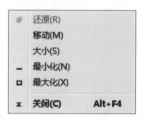

图1-18　最小化、最大化窗口以及关闭窗口

■菜单栏：菜单栏位于标题栏下方，Adobe Illustrator的主要功能都可以通过执行菜单栏中的命令选项来完成，单击任意一个菜单项都会弹出其包含的命令；Adobe Illustrator的菜单栏中包括文件（File）、编辑（Edit）、对象（Ob）、文字（Text）、选择（S）、效果（Effect）、视图（View）、窗口（Windows）和帮助（Help）等9个功能各异的菜单。

图1-19　菜单栏

注意：若菜单栏中的命令呈现灰色，则表示该命令在当前编辑状态下不可用；若菜单命令右侧有一个三角符号，则表示此菜单包含有子菜单，将鼠标指针移至该菜单上，即可打开其子菜单；若菜单命令的右侧有省略号"…"，则执行此菜单命令时将会弹出与之相关的对话框。点击文件下的菜单栏，如图1-20所示。

图1-20　文件下的菜单栏

7

■属性栏：属性栏一般位于菜单栏下方，能提供在操作中选择对象和使用工具时的相关属性；通过对属性栏中的相关属性的设置，可以控制对象产生相应的变化。

图1-21　创建新图形

■工具箱：工具栏位于操作界面左侧，共有74个工具，其功能非常强大，熟悉工具栏是掌握Adobe Illustrator关键。

工具栏有以下特点：

1. 工具栏并没有将全部工具显示出来，工具按钮右下方的白色小三角表示该工具按钮中有隐藏工具选项，图1-22为工具栏中所有隐藏工具。其打开方式有两种：一种是移动鼠标指针至有小三角的工具按钮上，按住鼠标左键不放，即可弹出隐藏工具，拖动鼠标指针到要选择的工具上，释放即可选择该工具；另一种是按住"Alt"键不放，单击工具图标按钮，即可在多个工具之间进行自由切换。

2. 将鼠标放在工具按钮上停留几秒，鼠标旁边将会出现一个工具名称的提示，提示括号中的字母便是该工具的快捷键。

图1-22　Adobe Illustrator 工具箱

■状态栏：状态栏位于操作界面左下方，主要用于显示当前工作状态的相关信息，如：当前页面缩放比例、面板、日期和时间、当前使用工具等信息。

图 1-23　状态栏

8

■面板栏：面板栏位于操作界面右方，用来辅助工具栏或者菜单命令的使用，对图形或图像的修改起着重要作用，它主要用于对当前的颜色、画笔、描边、图形样式、图层及相关操作进行编辑。

设计者可以根据自己的需要随意进行收起或展开，以节省桌面工作空间，图1-24为展开面板栏效果。设计者还可以对面板栏进行隐藏和显示的设置，进行展开、分离、移动、组合等操作。

除了前面提到的在"窗口"菜单中可以选择要显示或隐藏的面板选项，还可以通过以下快捷键来选择或设置面板栏：

● 运用快捷键，如按"F5"键，可控制"画板"面板；按"F6"键，可控制"颜色"面板；按"F7"键，可控制"图层"面板。

● 按住键盘上的"Tab"键，将显示或隐藏工具栏和面板栏。

● 按住键盘上的"Shift+Tab"组合键将显示或隐藏面板栏。

● 钢笔工具绘制过程主要依靠alt+空格键来改变线条的形状。

alt键：改变手柄方向、配合鼠标滚动缩放视图、临时切换锚点工具调节刚画的的线条；

空格键：抓手平移/移动锚点。

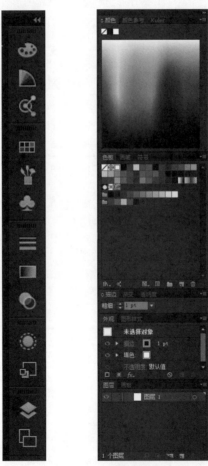

图1-24　展开面板栏

1.2.3　工具箱

Illustrator的工具箱各个工具的功能如表1.1所示。

9

表1.1　Adobe Illustrator工具箱

工具	含有的工具	功能
选择工具		用于选择图形对象，快捷键为 V，可以选取、移动、旋转或缩放对象。 　　单选：单击对象即为选中，在对象之外单击即取消选择； 　　点选：按住"Shift"+ 左击鼠标，可选择或去选多个对象； 　　圈选：拖动选择框，选择框接触对象即完成圈选，无需完全包围对象； 　　移动：单击对象拖动鼠标即可移动图形，按住"Alt"键拖动可复制图形，按住"Shift+Alt"键可水平或垂直复制图形； 　　旋转：将鼠标光标移置对象一角，此时对象周围控制点变为旋转控制箭头，即可进行旋转。按住"Shift"键可实现45°旋转； 　　缩放：将鼠标光标移置对象一角，出现倾斜控制箭头，拖动即可进行缩放，按住"Shift"键同时拖动鼠标，可等比例缩放对象
直接选择工具组	直接选择工具　(A) 编组选择工具	直接选择工具：选择路径上的节点来编辑图形形态，还可以选择群组对象中的某些图形。按住"Shift"即可加选或去选对象。 　　编组选择工具：选择群组中对象，单击一个群组中对象只选中此对象，再单击一次则选中所有群组对象
魔棒工具		用于选择具有相同填充颜色、画笔颜色、画笔宽度、不透明度、混合模式等属性的对象
套索工具		用于选择对象内的点或路径段。 　　在需要选择的路径上拖动鼠标绘制一个类似圆形的图形，即可选中该区域内对象的锚点及路径
钢笔工具组	钢笔工具　　(P) 添加锚点工具　(+) 删除锚点工具　(-) 转换锚点工具 (Shift+C)	钢笔工具：用于绘制自由形状的曲线和直线。 　　添加锚点工具：用于添加锚点到路径上。按住"Ctrl"键，切换为选择工具；按住"Alt"键，可切换为删除锚点工具。 　　删除锚点工具：用于删除路径上的锚点。按住"Ctrl"键，切换为选择工具；按住"Alt"键，可切换为添加锚点工具。 　　转换锚点工具：在平滑节点和角点之间转换。按住"Ctrl"键，切换为选择工具；按住"Alt"键，可复制路径；按住"Shift"键绘画，可限制以45°角为步长变化
文字工具组	文字工具　　　(T) 区域文字工具 路径文字工具 直排文字工具 直排区域文字工具 直排路径文字工具	文字工具：单击鼠标后输入文字为美术字体，先拉出一个文本框再输入文字为文本段落。 　　区域文字工具：选中工具，单击一个闭合路径可创建段落文字，并且使文字限制在闭合路径之内。 　　路径文字工具：选中工具后单击路径，可使文字沿着路径排列。 　　直排文字区域：选中工具，在画布上单击，可创建直排文字。 　　直排区域文字工具：单击工具，单击一个闭合路径，可是直排文字限制在闭合路径之内。 　　直排路径文字工具：选中工具，单击路径可使直排文字沿着路径排列

直线段工作组	直线段工具　　（\） 弧形工具 螺旋线工具 矩形网格工具 极坐标网格工具	直线段工具：用于绘制直线。 按住"Shift"键，可成45°的倍数绘制直线； 按住"Alt"键，以单击点为中心向两侧绘制直线； 绘制直线过程中，按下"空格"键，可冻结正在绘制的直线； 按住"~"键，可随着鼠标绘制多条直线。 弧线工具：用于绘制弧线。 按住"Alt"键，以单击点为中心向两边绘制； 按住"X"键，可使弧线在凹面和凸面之间切换； 按住"C"键，可使弧线在开放弧线和闭合弧线之间切换； 按住上下左右键，可增大或减小弧线的弧度； 绘制弧线过程中，按下"空格"键，可冻结正在绘制的弧线； 按住"~"键，可随着鼠标绘制多条弧线。 螺旋线工具：用于绘制螺旋线。 按住"Ctrl"键，可以调整螺旋线的密度； 按住上下左右键，可增大或减少螺旋圈数。 矩形网格工具：用于绘制矩形网格。 在绘制过程中按住上、下方向键，可增大或减少水平方向上的网格线数目；按住左、右方向键，可增大或减小垂直方向上的网格线数目。 极坐标网格工具：用于绘制极坐标网格。 按住"Shift"键，可控制为同心圆； 按住上下左右方向键，可增加或减少图形中同心圆数量
矩形工作组	矩形工具　　（M） 圆角矩形工具 椭圆工具　　（L） 多边形工具 星形工具 光晕工具	矩形工具：用于绘制矩形和正方形。 选中该工具后单击页面，弹出对话框，可以设置参数； 按住"Shift"键，绘制正方形； 按住"Alt"键，以起始点为中心向外绘制矩形； 按住"Shift+Alt"键，以起始点为中心绘制正方形； 在矩形绘制过程中，按住"空格"键，可冻结正在绘制的矩形。 圆角矩形工具：用于绘制圆角矩形和圆角正方形。 在绘制矩形时，按住上下键可控制圆角的大小，按住左右键，可直接变为矩形或默认圆角值。 椭圆工具：用于绘制椭圆和正圆。 按住"Shift"键，绘制正圆。 多边形工具：用于绘制各种多边形。 按住上下方向键，可改变多边形的边数。 星形工具：用于绘制各种多角星形。 按住上下方向键可改变多角星形的角数。 光晕工具：用于绘制类似镜头光晕效果。 按下鼠标左键并拖动，可以设置光晕大小及光纤的数量，在另一位置按下鼠标左键并拖动，可以调整光环数量以及炫光的长度
画笔工具		可以在"画板"面板中自由选择笔刷，能得到书法效果及任意路径效果。
铅笔工具组	铅笔工具　　（N） 平滑工具 路径橡皮擦工具	铅笔工具：类似于用铅笔在纸上自由绘图，可绘制开放与闭合路径。 按住"Alt"键绘画后释放，即可绘制闭合路径。 平滑工具：用于修整现有路径的平滑度，并尽可能保持原有曲线形状。 路径橡皮擦工具：用于抹除路径的一部分

斑点画笔工具		用于绘制填充的形状，以便于有着相同颜色的形状进行交叉和合并
橡皮擦工具组	橡皮擦工具（Shift+E） 剪刀工具（C） 刻刀	橡皮擦工具：用于抹除对象区域，可以擦除和分割路径。 剪刀工具：用于剪断路径，可将一条路径剪为两条或多条路径，也可将闭合路径变为开放路径。 美工刀工具：可将封闭区域裁开，使之成为两个独立的封闭区域
旋转工具组	旋转工具（R） 镜像工具（O）	旋转工具：用于旋转所选择对象。 选中对象，在窗口任意位置拖动鼠标指针做圆周运动，即可使对象围绕其中心点旋转； 选中对象，单击窗口中任意一点作为新的参考点，然后移开指针，拖动鼠标做圆周运动，可使对象围绕新参考点做圆周运动。 镜像对象：用于生成对称对象。 选择目标对象，单击镜像工具，按住"Alt"键，在页面中任意位置点击对称轴
比例缩放工具组	比例缩放工具（S） 倾斜工具 整形工具	比例缩放工具：用于放大或缩小对象。 倾斜工具：用于倾斜所选对象。 整形工具：用于改变路径上节点的位置，但不影响路径的形状
宽度工具组	宽度工具（Shift+W） 变形工具（Shift+R） 旋转扭曲工具 缩拢工具 膨胀工具 扇贝工具 晶格化工具 皱褶工具	宽度工具：用于创建具有不同宽度的描边。 变形工具：使对象产生变形效果。 旋转扭曲工具：使对象产生卷曲变形。 缩拢工具：使对象产生收缩变形。 膨胀工具：使对象膨胀变形。 扇贝工具：使对象表面产生类似贝壳纹理的效果。 晶格化工具：在对象的轮廓线上产生类似于尖锥状突起的效果。 褶皱工具：在对象的轮廓线上产生褶皱的效果
自由变换工具		用于对所选对象进行比例缩放、旋转或倾斜
形状生成工具组	形状生成器工具（Shift+M） 实时上色工具（K） 实时上色选择工具（Shift+L）	形状生成器工具：用于合并多个简单的形状，以创建自定义的复杂形状。 实时上色工具：按照当前的上色属性绘制实时上色组的表面和边缘。 上色选择工具：用于选择实时上色组的表面和边缘
透视网格工具组	透视网格工具（Shift+P） 透视选区工具（Shift+V）	透视网格工具：用于在透视中创建和渲染图稿。 透视选区工具：用于在透视中选择对象、文本和符号，以及移动对象
网格工具		用于将图形转换成具有多种渐变颜色的网格图形。网格上的颜色平滑地由一种颜色过渡到另一种颜色
渐变工具		以不同角度和不同方向拖动鼠标，从而改变颜色的渐变方向
吸管工具组	吸管工具（I） 度量工具	吸管工具：用于吸取其他图形的颜色作为当前图形的轮廓色或填充色。 度量工具：用于测量两个点之间的距离，同时也显示其角度

混合工具		用于制作两个图形之间从形状到颜色的混合效果
符号喷枪工具组	■ 符号喷枪工具（Shift+S） 符号移位器工具 符号紧缩器工具 符号缩放器工具 符号旋转器工具 符号着色器工具 符号滤色器工具 符号样式器工具	符号喷枪工具：用于快捷地产生很多符号。 符号移位器工具：用于将符号移动到鼠标拖动的位置。 符号紧缩器工具：用于改变符号之间的间隔。 符号缩放器工具：用于改变符号的大小。 符号旋转器工具：用于旋转符号，改变符号的方向 符号着色器工具：用于改变符号的现有颜色。 符号滤色器工具：使符号变得透明。 符号样式器工具：为符号应用丰富的样式效果
矩形图工具组	■ 柱形图工具（J） 堆积柱形图工具 条形图工具 堆积条形图工具 折线图工具 面积图工具 散点图工具 饼图工具 雷达图工具	矩形图工具：创建图标，可用垂直柱形来比较数值。 堆积柱形图工具：创建的图表与柱形图类似，但它将矩形图堆积起来，而不是互相并列。 条形图工具：创建的图表与柱形图相似，为水平状态的条形。 堆积条形图工具：创建的图表与堆积柱形图相似，为水平堆积状态的条形。 折线图工具：创建的图表用点来表示一组或多组数值，并对每组的点采用不同线段连接。 面积图工具：创建的图表与折线图相似，比较强调数值的整体和变化情况。 散点图工具：创建的图表沿 x 轴和 y 轴将数据点作为成对的坐标进行绘制。 饼图工具：用于创建圆形图表，其扇形表示数值的相对比例大小。 雷达图工具：创建的图表可在某一特定时间点或特定类别比较数值组，并以圆形格式表示
画板工具		用于创建或删除画板
切片工具组	■ 切片工具（Shift+K） 切片选择工具	切片工具：用于分割画面。 切片选择工具：用于选择切片，以进行编辑以及修改
抓手工具组	■ 抓手工具（H） 打印拼贴工具	抓手工具：用于移动画面，以更加方便地观看画面各个部分。 打印拼贴工具：用于确定页面的范围
缩放工具		缩放工具：用于放大或缩小图形，以更方便地观察局部画面或整体画面。只是视野的放大与缩小，不改变对象的实际大小
填充与描边		填色：在形状区域内填充颜色，双击该图标会弹出拾色器，用于设置颜色。 描边：给形状周围的轮廓填色，双击会弹出拾色器，用于设置颜色。 右上箭头表示互换填色与描边，左下图标表示恢复默认填色与描边。 填色与描边下方的图标分别表示颜色、渐变、无，下一行表示正常绘图、背面绘图和内部绘图。 底部图表示更改屏幕模式：用户可以根据个人习惯调整屏幕显示模式

1.2.4 菜单栏

1．文件菜单

文件菜单是Illustrator中最常用的菜单，可以进行新建、打开、保存、置入、导出等文件操作。

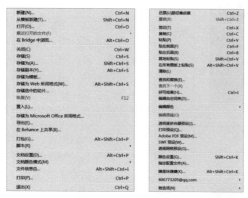

图 1-25　文件菜单

2．编辑菜单

编辑菜单不仅提供大多数软件通用的复制、剪切、粘贴、重做、清除、撤销等功能，还能提供更为具体化的命令。粘贴到前面、粘贴到后面，可以选择粘贴的图形粘贴到前面还是后面。除此之外，它还提供诸如查找和替换、拼写检查、编辑自定词典、编辑颜色、打印预设、颜色设置、首选项等命令。

3．对象菜单

对象菜单提供对对象的一系列操作命令，包括常用的变换、排列、编组、取消编组、锁定、全部解锁、隐藏、显示全部、扩展、栅格化、切片、画板、路径等，还提供创建渐变网格、创建对象马赛克、创建裁切标记、混合、封套扭曲、透视、实时上色、实时描摹、文本绕排、剪切蒙版、复合路径、图表等命令，能实现快捷有效地对对象进行编辑。

图 1-26　对象菜单

4．文字菜单

文字菜单主要包含了对文字的各种操作命令，字体、大小与Word等软件的操作一样，菜单下还有字形、路径文字、复合字体、串接文本、适合标题、查找字体、更改大小写、智能标点、创建轮廓、显示隐藏字符、文字方向等命令。查找字体命令可以很快地改变输入的字体，在多种字体混排在一起的时候使用十分方便；智能标点符号可以自动进行标点符号的转换，如将单引号转换为双引号。

14

5.选择菜单

选择菜单主要用于选择对象，包括选择全部、取消选择、重新选择、反向、上方的下一个对象、下方的下一个对象、相同、对象等命令，另外还提供存储所选对象、编辑所选对象等功能。

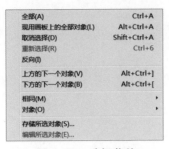

图 1-27　选择菜单

6.效果菜单

效果菜单主要用于对图像进行各种特殊效果的处理。提供Adobe Illustrator效果和photoshop效果。Adobe Illustrator效果包括3D、SVG滤镜、变形、扭曲和变换、栅格化、裁剪标记、路径、路径查找器、转换为形状、风格化等。而photoshop效果包括效果画廊、像素化、扭曲、模糊、画笔描边、素描、纹理、艺术效果、视频、锐化、风格化等操作命令。

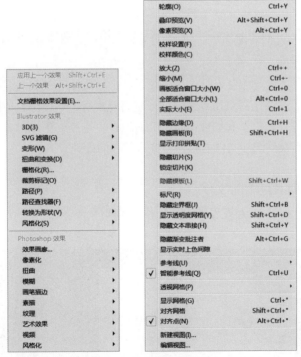

图 1-28　效果菜单

7.视图菜单

视图菜单用于提供一些辅助命令，能帮助用户从不同视角、不同方式来观察图像，包含放大、缩小、画板适合窗口大小、全部适合窗口大小、实际大小等命令，能灵活调整视图大小，同时包括标尺、智能参考线、透视网格等辅助命令。

15

8.窗口菜单

用于管理各个窗口的显示与排列方式，用户可以根据个人操作习惯进行自定义界面。其中路径查找器是Adobe Illustrator在编辑图像时使用较多的命令，可以进行形状的分割、修边、合并、减裁等命令操作。

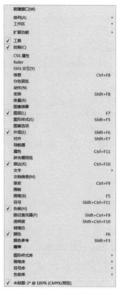

图 1-29　窗口菜单

9.帮助菜单

帮助菜单主要提供一些Adobe Illustrator产品注册、取消激活、帮助等功能。

1.2.5　主要对话框

在实际的绘图工作中，无论是服装设计、广告设计、书籍装帧还是图文混排的版面设计都不仅需要使用自己绘制的矢量图形，往往还需要用到许多图形资料及素材，如位图、剪贴画及其他图形处理软件绘制的不同格式的图形文件等，以及我们在Adobe Illustrator上绘制好图形对象后，需要将其应用到别的图形处理软件中时，都要涉及到图形文件的打开、置入及存储处理。

■图形的打开

按照下面的操作步骤可以打开图形文件：

1.单击菜单命令"文件／打开"，即可弹出"打开"对话框；

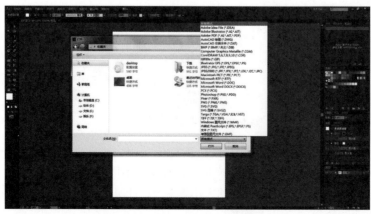

图 1-30　"打开"对话框

16

2. 选择需要打开的文件（Adobe Illustrator 默认的置入文件类型是所有格式），单击打开按钮，即可完成打开文件的操作。

■图形的置入

按照如下的操作步骤可以导入图形文件：

1. 单击菜单命令"文件 \ 置入"，即可弹出"置入"对话框；

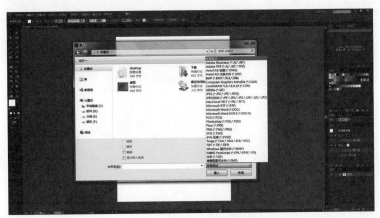

图1-31　置入对话框

2. 选择要置入的文件（Adobe Illustrator默认的置入文件类型是所有格式），点击置入即完成图像的置入。此时置入的图片上会显示蓝色交叉线，该交叉线表示图片的链接文件，如若取消，点击工具栏的"嵌入"即可。（也可以直接选择需要置入的文件，然后将其拖动到绘图页面中，释放鼠标，该图像就自动置入到绘图页面。）

注：链接图像文件容量较小，与原来路径图像有关联，删除原路径图像文件后AI图像不再显示；嵌入后的图像与原路径图像无关联，在Adobe Illustrator中保存了独立的图像信息，原路径图片可以删除，缺点是编辑调整图片不如链接图像方便。

建议：在图像制作过程中保持链接，作品确认完成后改为嵌入。

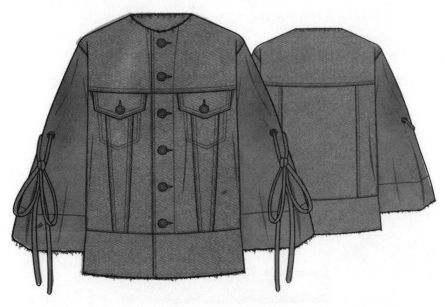

图1-32　导入后的图形

■图形的储存

在完成图像的编辑后，需要及时地保存图像。具体操作方法如下：

1. 单击"文件"菜单，选择"储存为"命令，弹出储存为对话框；

2. 选择确定存放文件的路径，输入文件的名称（Adobe Illustrator默认的储存文件类型是AI格式），单击保存按钮，即可保存文件。

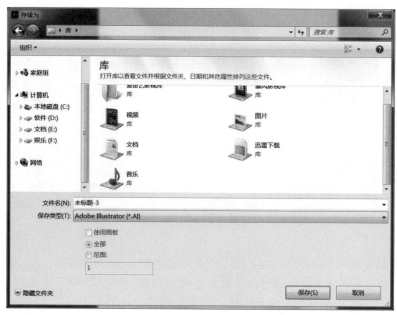

图1-33　储存为对话框

1.2.6　控制面板

Adobe Illustrator右侧有五个默认的的控制面板组，分别是（颜色、颜色参考）面板、（色板、画笔、符号）面板、（描边、渐变、透明度）面板、（外观、图形样式）面板、（图层、画板）面板。除此之外也可以通过窗口菜单打开（导航器、信息）面板、（变换、对齐、路径查找器）面板等其他面板组，这些面板对图形或图像的修改起着非常重要的作用，设计者可以根据自己需要进行不同的设置组合。

Adobe Illustrator常用的面板。

■（导航器、信息）面板

导航器面板：拖动导航器的红色小窗口可以很方便地看到整个页面，并可滑动面板下部的滑块进行放大或缩小页面。

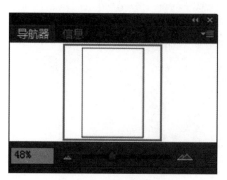

图1-34　导航器面板

18

信息面板：可以显示当前光标所在位置的坐标信息。

图1-35　信息面板

■（颜色、颜色参考）面板
颜色面板：颜色面板用于调整填充色和边线的颜色，可以进行通道色值修改。

图1-36　颜色面板

点击面板右上方下拉菜单，可自由选择调色板色彩模式，如RGB、HSB、CMYK等。

图1-37　调色板色彩模式

颜色参考面板：颜色参考面板不但可以提供设计过程中所需的相近参考颜色，也可以编辑颜色。
点击面板右上方下拉菜单，可以选择显示淡色/暗色、显示冷色/暖色、显示亮光/暗光三个颜色选项。

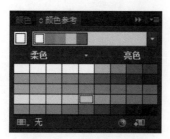

图1-38　颜色参考面板

■（色板、画笔、符号）面板

色板面板：色板是Adobe Illustrator软件中十分重要的一个控制面板，色板可以记录文件使用的所有颜色。在色板底部有七个图标，分别是色板库、色板类型、色板选项、新建颜色组、新建色板、删除色板，设计者能随意添加、删除颜色、标准色和图案。也可以自由更改色板的显示方式，点击色板面板右上角下拉菜单，可以任意选择小缩览图视图、中缩览图视图、大缩览图视图、小列表视图、大列表视图五种色板显示方式（默认为小缩览图视图）。

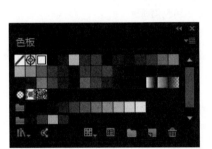

图1-39　色板面板

在Adobe Illustrator软件中，色板基本可分为纯色色板、渐变色板、图案色板三类。点击色板面板右上角下拉菜单，打开色板库（或者直接单击色板左下方色板库菜单打开），在设计中可将色板库中的颜色拖到色板中。

图1-40　色板库

20

画笔面板：用于绘制各种变化丰富的线条，不同笔痕能产生各种丰富多样的艺术效果。点击面板右上方下拉菜单，可以添加显示书法画笔、毛刷画笔、图案画笔、艺术画笔等，并能对笔刷进行参数设置。

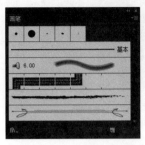

图1-41　画笔面板

单击左下图标可进入画笔库，设计者可以自由选择设计所需各类画笔。

符号面板：用于制作符号图形，选择符号后在画布单击即可产生相应符号效果。

点击面板左下方符号库可以选择符号，设计者可以自由新建、复制、编辑或删除符号。

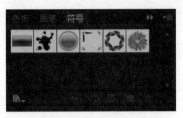

图1-42　符号面板

■（描边、渐变、透明度）面板

描边面板：用于控制绘制线条属性，可调整成实线或虚线、控制虚线次序、描边粗细、描边对齐方式、斜接限制以及线条连接和线条端点的样式。默认状态下所绘制图形的描边为实线。

图1-43　描边面板

渐变面板：用于为对象添加渐变效果，单击面板右侧下拉菜单可选择线性和径向两种渐变类型。在使用"渐变"工具时往往需要配合使用"渐变"面板。

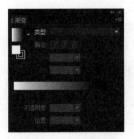

图1-44　渐变面板

21

透明度面板：用于为对象的填色或描边、对象编组或图层增加透明度，单击面板右方下拉菜单可设置从100%的不透明到0%完全透明的数值，当降低对象不透明度时，其下方图形会透过对象可见。

图1-45　透明度面板

■（变换、对齐、路径查找器）面板

变换面板：能定位到图形对象的位置、图形的长宽大小、旋转倾斜角度等。

图1-46　变换面板

对齐面板：用于对齐排列图形。该面板包含了图形的六种排列方式和六种分布方式。六种排列方式包括水平齐左、水平居中、水平齐右、垂直上齐、垂直居中、垂直下齐；六种分布方式包括图形上部垂直平均分布、图形中心垂直分布、图形下部垂直分布、图形左部水平平均分布、图形中心水平平均分布、图形右部水平平均分布。

图1-47　对齐面板

路径查找器面板：AI软件中使用频率很高的面板，主要提供两个图形之间的分割、修边、合并、减裁等功能。

图1-48　路径查找器面板

■图层面板：外观与photoshop的图层面板类似，但操作上较之有一些区别。在AI中，图层并非像photoshop一样建立一个物体就建立一个图层，而只是对象形状的一种集合形式，通过图层设计者可以调节层与层之间的前后关系。图层可以锁定、重命名、删除或隐藏，利用好图层面板便于设计的明晰化。

图1-49　图层面板

■画板面板：利用画板面板可以在一个文档中创建并查看多个画板。便于设计者尝试不同的图形与风格，并且可以将其直接进行比较。

图1-50　画板面板

■（外观、图形样式）面板
外观面板：用于查看和调整对象及图层的外观属性，包括对象的描边、填充、不透明度以及对象的添加效果，外观属性均有堆叠顺序，设计者可直接在外观面板上点击相应要素进行修改。

图1-51　外观面板

图形样式面板：用于新建及添加图层样式。点击面板左下图标，可打开图形样式库选择其他样式。

图1-52　图形样式面板

1.3 Adobe Illustator常用快捷键

1.3.1 工具箱

移动工具【V】

直接选取工具、组选取工具【A】

钢笔、添加锚点、删除锚点、改变路径角度【P】

添加锚点工具【+】

删除锚点工具【－】

文字、区域文字、路径文字、竖向文字、竖向区域文字、竖向路径文字【T】

椭圆、多边形、星形、螺旋形【L】

增加边数、倒角半径及螺旋圈数（在【L】、【M】状态下绘图）【↑】

减少边数、倒角半径及螺旋圈数（在【L】、【M】状态下绘图）【↓】

矩形、圆角矩形工具【M】

画笔工具【B】

铅笔、圆滑、抹除工具【N】

旋转、转动工具【R】

缩放、拉伸工具【S】

镜向、倾斜工具【O】

自由变形工具【E】

混合、自动勾边工具【W】

图表工具（七种图表）【J】

渐变网点工具【U】

渐变填色工具【G】

颜色取样器【I】

油漆桶工具【K】

剪刀、餐刀工具【C】

视图平移、页面、尺寸工具【H】

放大镜工具【Z】

默认前景色和背景色【D】

切换填充和描边【X】

标准屏幕模式、带有菜单栏的全屏模式、全屏模式【F】

切换为颜色填充【<】

切换为渐变填充【>】

切换为无填充【/】

临时使用抓手工具【空格】

精确进行镜向、旋转等操作　选择相应的工具后按【回车】

复制物体　在【R】、【O】、【V】等状态下按【Alt】+【拖动】

24

1.3.2　文件操作

新建图形文件【Ctrl】+【N】
打开已有的图像【Ctrl】+【O】
关闭当前图像【Ctrl】+【W】
保存当前图像【Ctrl】+【S】
另存为...【Ctrl】+【Shift】+【S】
存储副本【Ctrl】+【Alt】+【S】
页面设置【Ctrl】+【Shift】+【P】
文档设置【Ctrl】+【Alt】+【P】
打印【Ctrl】+【P】
打开"预置"对话框【Ctrl】+【K】
回复到上次存盘之前的状态【F12】

1.3.3　编辑操作

还原前面的操作（步数可在预置中）【Ctrl】+【Z】
重复操作【Ctrl】+【Shift】+【Z】
将选取的内容剪切放到剪贴板【Ctrl】+【X】或【F2】
将选取的内容拷贝放到剪贴板【Ctrl】+【C】
将剪贴板的内容粘到当前图形中【Ctrl】+【V】或【F4】
将剪贴板的内容粘到最前面【Ctrl】+【F】
将剪贴板的内容粘到最后面【Ctrl】+【B】
删除所选对象【DEL】
选取全部对象【Ctrl】+【A】
取消选择【Ctrl】+【Shift】+【A】
再次转换【Ctrl】+【D】
发送到最前面【Ctrl】+【Shift】+【]】
向前发送【Ctrl】+【]】
发送到最后面【Ctrl】+【Shift】+【[】
向后发送【Ctrl】+【[】
群组所选物体【Ctrl】+G】
取消所选物体的群组【Ctrl】+【Shift】+【G】
锁定所选的物体【Ctrl】+【2】
锁定没有选择的物体【Ctrl】+【Alt】+【Shift】+【2】
全部解除锁定【Ctrl】+【Alt】+【2】
隐藏所选物体【Ctrl】+【3】
隐藏没有选择的物体【Ctrl】+【Alt】+【Shift】+【3】
显示所有已隐藏的物体【Ctrl】+【Alt】+【3】

联接断开的路径【Ctrl】+【J】

对齐路径点【Ctrl】+【Alt】+【J】

调合两个物体【Ctrl】+【Alt】+【B】

取消调合【Ctrl】+【Alt】+【Shift】+【B】

调合选项　选【W】后按【回车】

新建一个图像遮罩【Ctrl】+【7】

取消图像遮罩【Ctrl】+【Alt】+【7】

联合路径【Ctrl】+【8】

取消联合【Ctrl】+【Alt】+【8】

图表类型　选【J】后按【回车】

再次应用最后一次使用的滤镜【Ctrl】+【E】

应用最后使用的滤镜并调节参数【Ctrl】+【Alt】+【E】

1.3.4　文字处理

文字左对齐或顶对齐【Ctrl】+【Shift】+【L】

文字中对齐【Ctrl】+【Shift】+【C】

文字右对齐或底对齐【Ctrl】+【Shift】+【R】

文字分散对齐【Ctrl】+【Shift】+【J】

插入一个软回车【Shift】+【回车】

精确输入字距调整值【Ctrl】+【Alt】+【K】

将字距设置为0【Ctrl】+【Shift】+【Q】

将字体宽高比还原为1比1【Ctrl】+【Shift】+【X】

左／右选择1个字符【Shift】+【←】/【→】

下／上选择1行【Shift】+【↑】/【↓】

选择所有字符【Ctrl】+【A】

选择从插入点到鼠标点　按点的字符【Shift】加点按

左／右移动1个字符【←】/【→】

下／上移动1行【↑】/【↓】

左／右移动1个字【Ctrl】+【←】/【→】

将所选文本的文字大小减小2点像素【Ctrl】+【Shift】+【<】

将所选文本的文字大小增大2点像素【Ctrl】+【Shift】+【>】

将所选文本的文字大小减小10点像素【Ctrl】+【Alt】+【Shift】+【<】

将所选文本的文字大小增大10点像素【Ctrl】+【Alt】+【Shift】+【>】

将行距减小2点像素【Alt】+【↓】

将行距增大2点像素【Alt】+【↑】

将基线位移减小2点像素【Shift】+【Alt】+【↓】

将基线位移增加2点像素【Shift】+【Alt】+【↑】

光标移到最前面【HOME】

光标移到最后面【END】

选择到最前面【Shift】+【HOME】

选择到最后面【Shift】+【END】

将文字转换成路径【Ctrl】+【Shift】+【O】

1.3.5　视图操作

将图像显示为边框模式（切换）【Ctrl】+【Y】

对所选对象生成预览（在边框模式中）【Ctrl】+【Shift】+【Y】

放大视图【Ctrl】+【+】

缩小视图【Ctrl】+【-】

放大到页面大小【Ctrl】+【0】

实际像素显示【Ctrl】+【1】

显示/隐藏路径的控制点【Ctrl】+【H】

隐藏模板【Ctrl】+【Shift】+【W】

显示/隐藏标尺【Ctrl】+【R】

显示/隐藏参考线【Ctrl】+【;】

锁定/解锁参考线【Ctrl】+【Alt】+【;】

将所选对象变成参考线【Ctrl】+【5】

将变成参考线的物体还原【Ctrl】+【Alt】+【5】

贴紧参考线【Ctrl】+【Shift】+【;】

显示/隐藏网格【Ctrl】+【"】

贴紧网格【Ctrl】+【Shift】+【"】

捕捉到点【Ctrl】+【Alt】+【"】

应用敏捷参照【Ctrl】+【U】

显示/隐藏"字体"面板【Ctrl】+【T】

显示/隐藏"段落"面板【Ctrl】+【M】

显示/隐藏"制表"面板【Ctrl】+【Shift】+【T】

显示/隐藏"画笔"面板【F5】

显示/隐藏"颜色"面板【F6】/【Ctrl】+【I】

显示/隐藏"图层"面板【F7】

显示/隐藏"信息"面板【F8】

显示/隐藏"渐变"面板【F9】

显示/隐藏"描边"面板【F10】

显示/隐藏"属性"面板【F11】

显示/隐藏所有命令面板【TAB】

显示或隐藏工具箱以外的所有调板【Shift】+【TAB】

选择最后一次使用过的面板【Ctrl】+【~】

练习与思考

1. Adobe Illustrator的可用图像存储格式有哪几种？

2. Adobe Illustrator的工作界面由哪几个部分组成？各有什么作用？

3. 如何运用智能参考线？

4. 路径查找器有什么作用？

第二章 服装 CIS 设计应用实例

2.1 CIS设计的定义及其特点

CIS是英文Corporate Identity System的缩写，通常译作"企业识别系统"，是指企业通过传统媒介以一种增进社会认同的符号传达系统（特别是视觉传达系统），将企业的经营理念与品牌文化向社会大众进行有效传达，并使其对企业产生一致的认同感与价值观。企业识别系统CIS包括企业经营理念、行为活动、视觉传达等实体性与非实体性的整体传播系统，其中又以标志、标准字、标准色、企业精神口号等基本要素为主要的识别要素。

一般来说，CIS具有以下几个特点：

■企业的管理、销售、公关与广告提升为贯彻落实企业经营理念与经营哲学的具体行动。

■CIS计划的职责划分不单划归为广告、宣传部门，而是由企业首脑亲自把控，并动员整个企业所有人员参与。

■CIS计划的企业情报传达对象，不单是指向消费者，同时也指向企业内部员工、社会大众及相关团体。

■CIS计划的企业情报传达媒体，不单是大众传播媒体，而且要尽最大限度运用企业内外所有传播资源。

■作为一套系统、完整、严密的企业形象与传播方案，CIS计划不是短期的即兴作业，而是企业长期的战略规划，是需要定期督导与有效监控的系统工具。

■企业CIS属于现代市场经济的产物，实施CIS计划，对内有利于规范企业行为，强化员工的凝聚力和向心力，形成自我认同感，提高工作热情；对外有利于传播企业思想和树立品牌形象，使社会公众对企业确立牢固的认知与依赖，提高沟通的效率和效果，以取得更大经济效益与社会效益。

企业识别系统CIS主要由下列三个子系统构成：

■理念识别系统（Mind Identity System），简称MIS。

MIS是企业识别系统的核心与原动力，属于内蕴化的思想文化的意识层面。MIS是企业经营战略、生产、市场等环节总的原则、方针、制度、规划、法规的统一规范。在设计层面上表现为企业的经营信条、精神标语、座右铭、经营策略等形式。

■行为识别系统（Behavior Identity System），简称BIS。

BIS是以明确而完善的经营理念为核心，显示至企业内部的制度、管理、教育等行为，并扩散回馈社会的公益活动、公共关系等动态识别形式。

■视觉识别系统（Visual Identity System），简称VIS。

VIS是指运用系统、统一的视觉符号系统，对外传达企业的经营理念与情报信息，是企业识别系统中最具有传播力与感染力的因素，它接触层面最广泛，项目最多，可快速明确地达成认知与识别的目的。

VIS的基本要素包括企业名称、企业标志、企业标准字体、企业标准色、企业象征图案等，应用要素包括事物用品、办公用品、设备、招牌、旗帜、标识牌、建筑外观、橱窗、装饰品、产品、包装用品、广告传播、展示陈列等。

2.2 标志设计

标志是一种特殊的语言，是人类社会活动与生产活动中不可缺少的一种符号，具有独特传播功用。例如，交通标志、安全标志、操作标志等对于指导人类进行有秩序的活动、确保生命财产安全具有直观、快捷的功效；企标、商标、店标等专用标志对于发展经济、创造经济效益、提高企业的认知度与市场地位具有重要的作用；各种协会、运动会、展览活动以及邮政、金融等组织几乎都有自己的标志，从各种角度发挥着沟通、交流、宣传的作用。

标志是视觉传达设计CIS中最基础的设计要素，是最有效的传播手段之一。在进行标志设计时，一定要符合标志设计的原则，既要满足标志的功用性、识别性、显著性、准确性等特点，又要符合视觉审美的原则。

2.2.1 原点设计标志

原点设计是一家集平面、空间、动漫、交互式、工业、服装等线上线下视觉创意为一体的专业化设计企业。在设计标志时，要充分考虑该企业的历史和文化背景。

2.2.2 实例效果

图2-1 "原点设计"标志

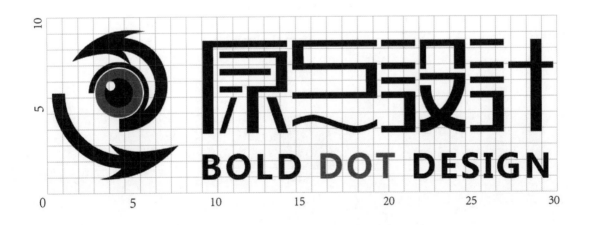

图2-2 "原点设计"标志组合运用标准几何作图法

2.2.3 制作方法

1. 运行Adobe Illustator软件，执行菜单栏中的【文件】\【新建】命令，进行如图2-3所示的设置。

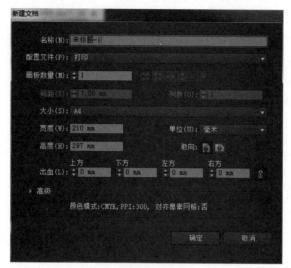

图2-3 新建文件

2. 选择【视图】\【标尺】，用选择工具 拖出辅助线，选择工具箱的"椭圆"工具 ，按住"Shift"键绘制三个正圆，如图2-4所示。

图2-4 绘制三个正圆

3. 选择"实时上色"工具 ，对绘制图形进行填色，如图2-5所示。

图2-5 对绘制图形进行填色

4. 选择工具箱的"椭圆"工具 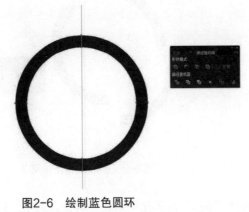，按住"Shift"键绘制大正圆，填充蓝色，然后绘制小正圆，填充白色；在"窗口"菜单中打开"路径查找器"面板，全选图形对象，点击"减去顶层" ，绘制好蓝色圆环，如图2-6所示。

图2-6　绘制蓝色圆环

5. 在圆环水平中心位置拖出辅助线，选择工具箱的"矩形"工具 ，按住"Shift"键平齐辅助线绘制正方形，如图2-7所示。

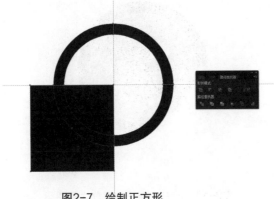

图2-7　绘制正方形

6. 全选图形对象，点击"分割" ，双击多余部分正方形，将分割图形拖开，如图2-8所示。

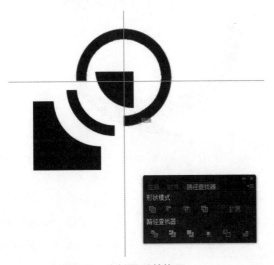

图2-8　分割图形并拖开

31

7. 单击分割的正方形部分，点击"Delete"删除，得到如图所示2-9图形。

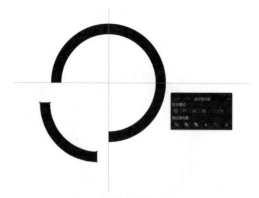

图2-9　删除后留下的图形

8. 全选步骤3的图形，按住"shift"键等比例缩放，调整好大小，嵌入分割好的四分之三圆环中，如图2-10所示。

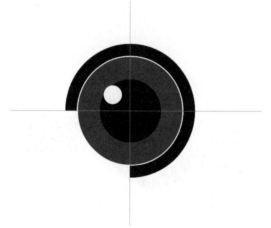

图2-10　嵌入分割好的四分之三圆环

9. 选择钢笔工具，绘制并填充箭头，与剩余圆环部分衔接，如图2-11所示。

图2-11　绘制并填充箭头

10. 用快捷键"Ctrl+C""Ctrl+V"复制粘贴四分之一圆环，按住"Shift"键旋转对象，将两个四分之一拼合成半圆环，用快捷键"Ctrl+C""Ctrl+V"复制粘贴步骤9的箭头，旋转对象，将其与半圆环衔接，如图2-12所示。

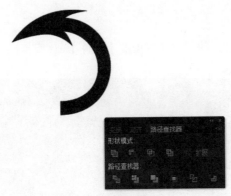

图2-12　旋转复制填充箭头

11. 最后调整图形位置与大小，完成标志的绘制，如图2-13所示。

图2-13　完成标志的绘制

2.3　标准字体设计

标准字是视觉识别系统中基本设计要素之一，是泛指将某种事物、团体的形象或全称整理、组合成一个群体的特殊字体，其重要性不亚于标志。标准字体能将企业的品牌文化、经营理念、规模性质等，通过文字的可读性、说明性明晰化，创建个性化的字体，能达到企业识别、塑造独特企业形象的目的。

在设计标准字体时，要遵循易辨性、可读性原则，注意文字的配置关系，标准字体之间的幅宽、线条粗细、起笔角度均需要进行周密规划与精心设计，设计过程中要注意各个造型要素的统一协调。

2.3.1　实例效果

2.3.2 制作方法

1. 打开Adobe Illustator软件，执行菜单栏中的【文件】\【新建】命令，进行如图2-14所示的设置。

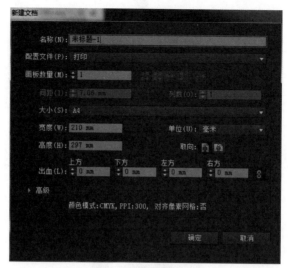

图2-14 新建文件

2. 选择【视图】\【显示网格】，页面出现如图2-15所示的网格，通过设置对齐网格，以便画出按网格宽度的矩形图形。

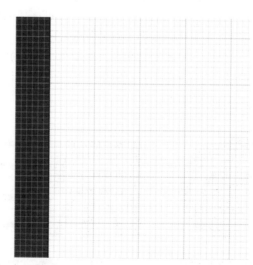

图2-15 显示网格

3.选择工具箱中的矩形形状工具 ，在矩形工具选项栏中设置节点形状，如图2-16所示。

图2-16　设置节点形状

4.重复使用矩形形状工具，通过对齐网格，根据"原"字笔画，绘制"原"字上部分笔画图形，将矩形对象填充为黑色，如图2-17所示。

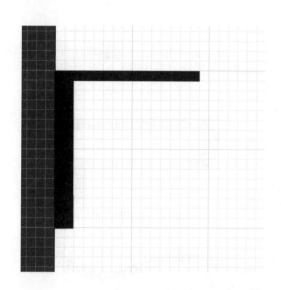
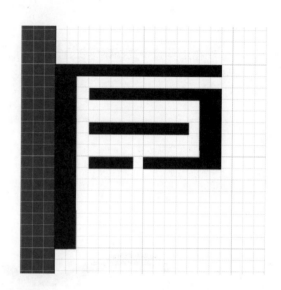

图2-17　绘制"原"字上部分笔画图形

5.选择钢笔工具 ，绘制如图所示的斜向闭合矩形，作为"原"字的下部分"小"字笔画，并调整节点位置，完成"原"字的整体图形绘制，如图2-18所示。

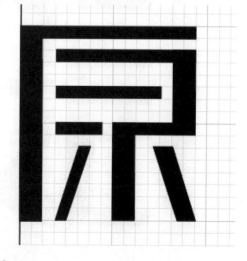

图2-18　完成"原"字的整体图形绘制

35

6. 重复矩形形状工具，绘制"点"字的上半部分图形，如图2-19所示。

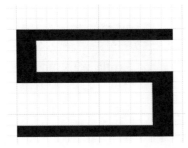

图2-19 绘制"点"字的上半部分图形

7. 在工具箱中选择钢笔工具 ✏️，绘制如图所示的曲线，选择直接选择工具 ▶️ 调整节点，使曲线流畅顺滑，绘制"点"字的下半部分图形，完成"点"字的整体图形绘制，如图2-20所示。

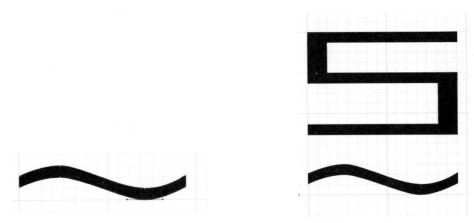

图2-20 完成"点"字的整体图形绘制

8. 分别用同样的方法绘制"设""计"的标准字矢量图，如图2-21所示。

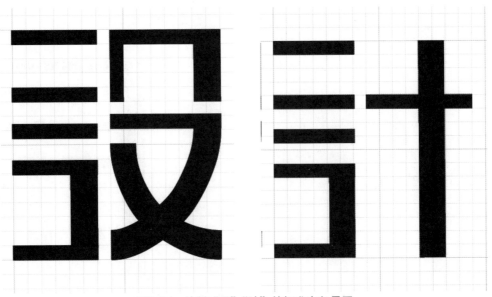

图2-21 绘制"设""计"的标准字矢量图

9. 完成"原点设计"标准字的组合图形设计，如图2-22所示。

图2-22　标准字的组合图形设计

10. 继续在图中所示位置输入原点设计的大写英文"BOLD DOT DESIGN"，设置字体类型，调整字体大小与间距，选中"DOT"，将其调整为蓝色 ，完成的标志与"原点设计"标准字的组合图形，如图2-23所示。

图2-23　标志与"原点设计"标准字的组合图形

2.4　吊牌设计

吊牌设计是企业识别系统CIS的一个部分。吊牌是企业形象与商品广告策略的延伸，要符合品牌的整体风格，讲究环保美观、精致耐用。

案例吊牌规格：吊牌高度160mm；吊牌宽度70mm。

2.4.1　实例效果

2.4.2 制作方法

1. 打开Adobe Illustator软件，执行菜单栏中的【文件】\【新建】命令，进行如图所示2-24的设置。

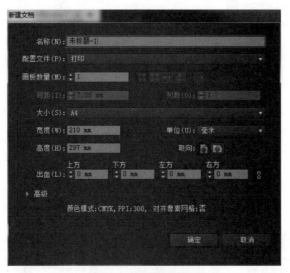

图2-24　新建文件

2. 选择工具箱中的矩形形状工具 ▣ ，用鼠标左键单击空白页面，根据吊牌规格，在弹出矩形参数设置的窗口，将数值设置为高度160mm、宽度70mm，如图2-25所示。

图2-25　设置吊牌长、宽参数

3. 用选择工具 ▷ 选中矩形，双击填色 ▣ 工具，弹出如图2-26所示拾色器，选择浅黄色，点击确定，填充矩形。

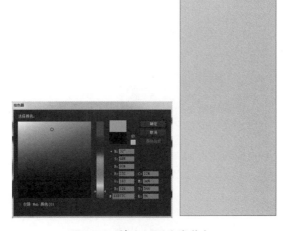

图2-26　填充矩形为浅黄色

38

4. 打开"原点设计"标志，全选对象，使用选择工具将"原点设计"标志拖至"吊牌设计"窗口，按住"Shift"键等比例缩放至一定大小，放置如图2-27所示左图位置；选择文字工具 T ，在如图2-27所示右图"原点设计"标志位置下方，输入原点设计的大写英文"BOLD DOT DESIGN"，选中"DOT"，将其调整为蓝色 字符 □▾ ▣▾ ，其余为黑色。

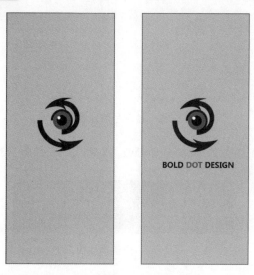

图2-27　将"原点设计"标志拖至"吊牌设计"窗口并输入原点设计的大写英文字母

5. 在工具箱中选择选择工具 ▸ 选中英文字体，快捷键"Ctrl+C""Ctrl+V"复制、粘贴字体，将字体颜色调整为浅暖灰色CMYK（0，35，85，0），并旋转45°，如图2-28所示。

图2-28　将中英文文字旋转45°

6. 分别将复制的英文字拖放到如图2-29所示位置，在工具箱中选择椭圆工具，按住"Shift"键绘制正圆，填充为白色，拖放至如图2-29右图所示位置，作为吊牌穿绳孔。

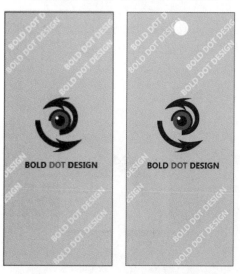

图2-29　复制英文字并移动至相应位置并绘制吊牌穿绳孔

7. 在工具箱中选择钢笔工具 ，绘制如图2-30所示吊牌绳的路径。

图2-30　绘制吊牌绳的路径

8. 选中路径，打开右侧描边面板，将描边粗细改为3磅（pt），如图2-31所示。

图2-31　设置描边粗细

9. 选择菜单栏的"风格化"／"投影"，在投影弹出的窗口，设置好数值，完成吊牌绳的投影制作，如图2-32所示。

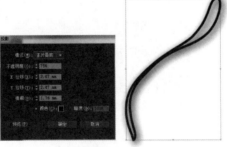

图2-32　吊牌绳的投影制作

10. 在工具箱中选择"矩形"工具 ▣，绘制矩形，选择"文字"工具，输入大写英文单词"FASHION"，全选对象，旋转并调整好合适大小，拖放至如图2-33所示位置，完成吊牌绳的整体制作。

图2-33　完成吊牌绳的整体制作

11. 选择面板栏的"图层"面板，选中图层，上下拖动调整图层排序，将吊牌绳与吊牌结合成一个整体，完成整个吊牌的制作，完成效果图如图2-34所示。

图2-34　完成整个吊牌制作效果

2.5　服装专卖店设计

专卖店是一种特殊的商业经营形式，是企业视觉传达设计CIS中重要的设计要素之一，其形象识别的统一可以体现出企业的管理理念和经营特色。一个优秀的服装专卖店设计除了在视觉上要求整洁、美观以外，还要能够很好地传达给顾客相关的产品信息，能最大限度地使顾客产生购买的欲望和形成购买的行为。一个完整的店面设计需要考虑设计中的沟通要素、设计要素、商业要素和提示要素四个方面。

2.5.1　实例效果

41

2.5.2 制作方法

1. 打开Adobe Illustator软件，执行菜单栏中的【文件】\【新建】命令，进行如图2-35所示的设置。

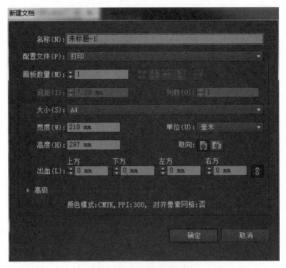

图2-35　新建文件

2. 选择工具箱中的矩形工具██，拖出矩形，设置长宽尺寸，并结合使用工具箱中的钢笔工具██，绘制专卖店的框架图，如图2-36所示。

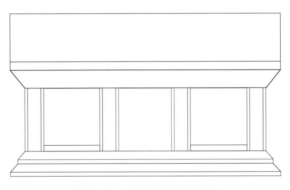

图2-36　绘制专卖店框架图

3. 选择实时上色工具，对绘制的框架图进行填充上色，如图2-37所示。

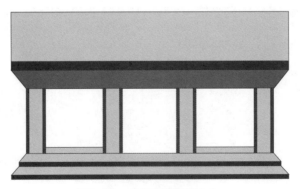

图2-37　专卖店框架图上色

42

4. 打开"原点设计"标志和标准字体，全选对象，使用选择工具 ，将"原点设计"标志和"原点设计"标准字体拖至"服装专卖店设计"窗口，按住"Shift"键等比例缩放至一定大小，放置于如图2-38所示位置。

图2-38　将"原点设计"标志和标准字体拖至"服装专卖店设计"窗口

5. 使用矩形工具 ▣ 绘制矩形，填充为白色，选择面板栏中透明面板，将矩形透明度调整为80%，选择工具箱中椭圆工具 ◉ ，按住"Shift"键绘制白色小正圆，复制粘贴后拖放至文字右侧作为装饰。在工具箱中选择文字工具 T ，在店面招牌右下方输入店面编号，如图2-39所示。

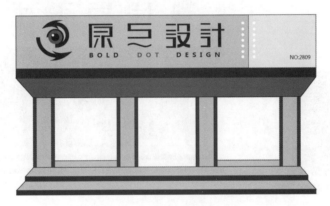

图2-39　店牌右侧装饰的绘制

6. 将店面室内设计图和橱窗图置入窗口，调整到合适大小，嵌入到服装专卖店设计中，在工具箱中选择直线工具 ／ 绘制橱窗旁边的装饰线，如图2-40所示。

图2-40　绘制橱窗、装饰线等

7. 在工具箱中选择矩形工具 绘制矩形，打开面板栏的渐变面板，设置如图2-41所示的参数，将填充好的矩形调整好大小嵌入橱窗中，在工具箱中选择圆角矩形工具 绘制店面左侧灯箱装饰图形，填充为如图2-42所示的渐变色。

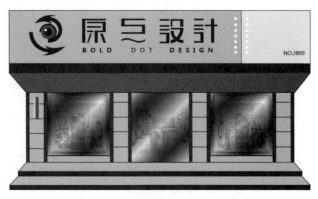

图2-41　渐变面板参数设置　　　　　　图2-42　将渐变图形嵌入橱窗中

8. 选中店面标牌下方的梯形，打开面板栏的渐变面板，设置如图2-43所示的色彩和参数，绘制渐变色彩，增强整个店面设计的立体效果，如图2-44所示。

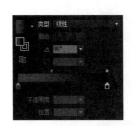

图2-43　渐变面板参数设置　　　　　　图2-44　绘制渐变色彩

9. 绘制店面标牌下方的筒灯，选择工具箱中的椭圆工具 ，填充为白色，再选择工具箱中光晕工具 将其组合，调整好大小拖放至店面标牌下方位置，并进行复制、移动，如图2-45所示。

图2-45　绘制店面标牌的筒灯

10. 选择工具箱中的矩形工具![矩形工具],绘制店门装饰条,填充好颜色,并加上"LOGO"图案。复制、粘贴"原点设计"标志和"原点设计"标准字体,按住"Shift"键等比例缩放至一定大小,放置于如图2-46所示位置。

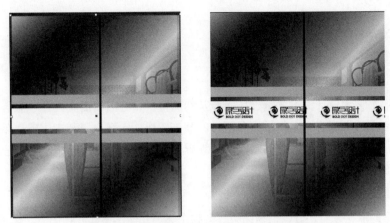

图2-46 绘制店门装饰条并加上"LOGO"

11. 在工具箱中选择矩形工具![矩形工具],绘制矩形店门把手,打开面板栏渐变面板,将把手填充为渐变色,调整细节,完成整个服装专卖店店面设计效果,如图2-47所示。

图2-47 完成的服装专卖店店面设计效果图

练习与思考

1. 服装CIS设计有哪些特点?

2. 视觉识别系统在服装销售过程中有哪些作用?

3. 以"海澜之家"品牌服装为例,完成"海澜之家"牌商标、吊牌、专卖店的设计。

第3章　服饰图案设计应用实例

3.1　相关知识介绍

3.1.1　服饰图案的概念

服饰图案是服饰艺术设计的重要基础，所涉及的面很广，有面料图案设计、服装印花图案设计、装饰品图案设计等。服饰图案广义是指适用于服饰的装饰图形。图案在服装中主要是装饰作用，是对服装款式、色彩、材质等美感的补充，图案的纹样、组织、色彩必须与具体的服装相适应，即与具体服装的款式、色彩、材料相适应。

3.1.2　服饰图案的类别

■从装饰图案的取材来看，分为植物图案、动物图案、几何图案、人物图案、风景图案、抽象图案。

■从装饰图案的组织形式来看，分为单独纹样、适合纹样、边饰纹样、二方连续、四方连续、角隅纹样和吉祥图案。

适合纹样设计是指将一种纹样适当地组织在某一特定的形状（如三角形、多角形、圆形、方形、菱形等）范围之内，使之适合于某种装饰的要求。

边饰纹样亦称"边缘纹样"，民间又叫"花边"，装饰于器物边缘的纹样。在服装上、书籍封面上、商品包装上，常用这种装饰。

单独纹样是与四周无联系、独立、完整的纹样，是图案组织的基本单位。

角花亦称"角隅纹样"，装饰在器物一角或对角、四角的图案纹样，如枕套、围裙、床单、台布、镜框的边角装饰。

二方连续亦称"带状图案"，是图案画中的一种组织方法，是一个纹样单位能向四周重复地连续和延伸扩展的图案，又可分梯形连续、菱形连续、四切（方形）连续等格式。印花布、壁纸的图案多用这种组织法。

吉祥图案是传递装饰纹样的一种，通过某种自然像的寓意、谐音或附加文字等形式来表达人们的愿望、理想的图案，主要流行在民间，如以喜鹊、梅花代表"喜上眉梢"，以莲花、鲤鱼代表"年年有余"等。

3.2　适合纹样设计

3.2.1　实例效果

图3-1　适合纹样正负形、上色稿

3.2.2 制作方法

1. 运行Adobe Illustator，用【Ctrl】+【N】新建文件，设定纸张大小为100mm×100mm，并使用【Ctrl】+【R】显示标尺，将辅助线拖至适当位置，如图3-2所示。

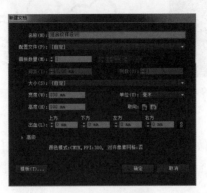

图3-2　新建文件

2. 选择工具箱钢笔工具 ，画出如图3-3所示路径1的图形，注意路径节点的控制以及曲线的封闭。

图3-3　路径1的图形

3. 用相同方法画出路径图形2，选中图示对象路径2，鼠标单击右键，如图3-4所示使用【变换】/【对称】进行镜像对称。

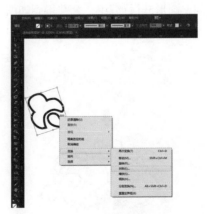

图3-4　路径2的图形

47

4. 镜像路径参数设置如图3-5所示，在对话框中进行参数设置，可以精确地对对象进行镜像操作。点击【复制】按钮，即可得到对称路径，并与路径图形1组合得到如图3-6所示的对称图形3。

图3-5　镜像参数设置　　　　图3-6　组合后的图形3

5. 使用钢笔工具 ✏ 继续画出如图3-7所示的路径图形，并使用【变换】/【对称】镜像对称，点击【复制】按钮，得到对称路径，组合成对称图形；再将组合成的对称图形再重复【变换】/【对称】、【复制】得到新的组合对称图形4。

图3-7　路径4的图形

6. 继续使用钢笔工具 ✏，画出如图3-8所示的路径图形，将组合成的对称图形重复【变换】/【对称】、【复制】得到新的组合对称图形5。

图3-8　路径5的图形

7. 将组合后的路径图形3、图形4、图形5进行编组，合并得到如图3-9所示的对称图形6。

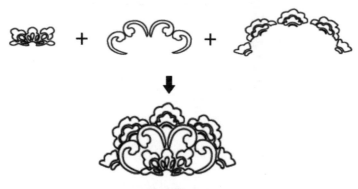

图3-9　对称图形6

48

8. 镜像路径6，参数设置轴向选择【水平】，点击【复制】按钮，即可得到上下对称路径，再在对称路径左右空白处，使用钢笔工具画出左右的图形，并编组形成完整图形7，如图3-10所示。

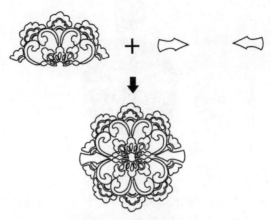

图3-10　组合图形7

9. 选择工具箱椭圆工具，在图3-11的图形中心位置，按住【Shift】键画出正圆，并用前景色填色，将圆形图形置于底层。

图3-11　椭圆图形绘制

10. 利用钢笔工具 继续画出如图3-12所示的路径图形，并使用【变换】/【对称】将图形编组，得到组合图形8。

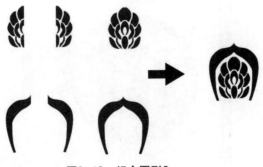

图3-12　组合图形8

49

11. 分别选择图3-11的图形7及图3-12的图形进行编组图形8，并使用【居中对齐】将两个图形按照如图3-13所示垂直居中对齐排列。

图3-13　垂直居中对齐排列

12. "旋转工具"可以精确地对对象进行旋转。选取上部图形8，以大圆中心为基准，选中需要旋转的对象后，双击工具箱中【旋转】工具按钮，弹出【旋转】对话框，在"角度"文本框中输入数值后，单击"确定"按钮即可，如图3-14所示。

图3-14　选中需要旋转的对象

13. 设置旋转角度为30°，按住R键，将旋转中心移至大圆中心，点击【复制】按钮，如图3-15所示。

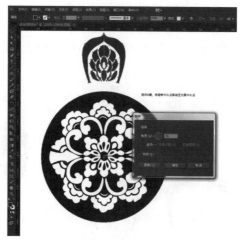

图3-15　设置旋转角度

14. 重复旋转命令，反复按住【Ctrl+D】键，重复上一步动作，直到旋转复制后得到完整图形，如图3-16所示。

图3-16　重复旋转复制路径图形8得到的图形

15. 使用钢笔工具 ，继续画出如图3-17所示的路径图形9，填充前景色为黑色，无描边颜色，并编组图形。

图3-17　路径图形9的绘制

16. 选择图3-17的路径图形9，使用【旋转】工具进行旋转，设置旋转角度为30°，按住R键（旋转），将旋转中心移至大圆中心，点击【复制】按钮，如图3-18所示。

图3-18　旋转角度设置

17. 重复旋转命令，按住【Ctrl+D】键，重复上一步动作，得到旋转复制后的完整图形，如图3-19所示。

图3-19　重复旋转复制路径图形9得到的图形

18. 选择工具箱椭圆工具，在图3-19中心点位置，按住【Shift】+【Alt】键，分别画出两个正圆，并用前景色填充白色，黑色描边，置于最底层，如图3-20所示。

图3-20　两个正圆的绘制

19. 利用钢笔工具继续画出如图3-21所示的组合路径图形10，并使用【变换】/【对称】将图形编组。

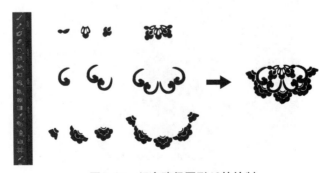

图3-21　组合路径图形10的绘制

20. 选取组合路径图形10，使用【旋转】工具进行旋转，设置旋转角度为40°，按住R键（旋转），将旋转中心移至大圆中心，点击复制按钮，如图3-22所示。

图3-22　旋转路径图形

21. 重复旋转命令，按住【Ctrl+D】键，重复这个动作，得到完整黑白图形，如图3-23所示。

图3-23　完整黑白图形纹样

22. 建立参考颜色，将已画好的适合纹样进行前景色填色，如图3-24所示。

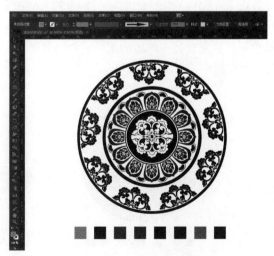

图3-24　建立参考颜色

23. 设置8个参考颜色的参数设置（CMYK值）分别为：35，78，100，42；58，64，84，71；53，60，93，54；41，44，100，15；39，24，100，2；89，46，57，29；100，86，44，47；72，65，69，85，建立颜色组1，如图3-25所示。

图3-25　设置颜色组1的参数

24. 对应图例3-26图形纹样所示，根据颜色组1，分别给各选择区域进行实时填色。

图3-26　各选择区域进行实时填色

25. 设置7个参考颜色的参数设置（CMYK值）分别为：23，17，46，0；52，99，100，37；31，98，96，1；100，96，59，40；24，69，67，0；68，3，35，0；88，83，87，74，建立颜色组2，分别将不同部位的花纹纹样填充不同的色彩，则完成另一色彩的圆形适合图案制作，以此类推，可以完成同一花纹纹样不同配色效果的圆形适合图案制作，如图3-27所示。

图3-27　图形纹样填色

26. 对应图例3-23图形纹样进行反相，则完成圆形适合图案的负形制作；该圆形适合图案的正负形、不同配色效果的实例如图3-28所示。

图3-28　圆形适合图案的正负形、不同配色效果

3.3　连续纹样设计

3.3.1　实例效果

3.3.2　制作方法

1. 运行Adobe Illustator，用【Ctrl】+【N】新建文件，进行如图3-29所示的设置。

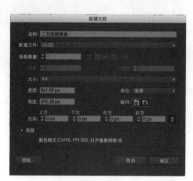

图3-29　新建文件

2. 选择工具箱中的矩形工具，拖成一个长方形，设置长为13.2mm，宽为4.57mm，并填充颜色为淡黄色#FFBDO，如图3-30所示。

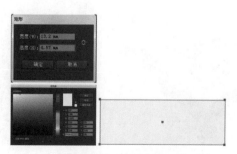

图3-30　绘制矩形

55

3. 选择工具箱钢笔工具 ，在图3-30绘制的矩形内绘制路径1的叶子图形，填充颜色为草绿色，参数值为#8EA789，如图3-31所示。

图3-31　绘制路径1的图形

4. 继续使用钢笔工具 ，在图3-30绘制的矩形内绘制路径2的组合条状图形，填充颜色为深紫色，参数值为#5A4F76，如图3-32所示。

图3-32　绘制路径2的组合条状图形

5. 继续使用钢笔工具 ，在图3-30绘制的矩形内空白位置，画出路径3的卷草图形组合，色彩为橘色，参数值为C68E77，如图3-33所示。

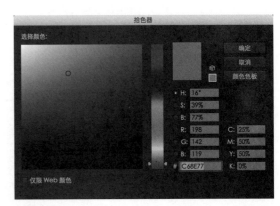

图3-33　绘制路径3的卷草图形组合

56

6. 使用钢笔工具 及矩形工具，继续在图3-33的空白位置，绘制出路径4的大小不等的矩形及叶子图形，色彩参数值为#418594，如图3-34所示。

图3-34　绘制路径4的组合图形

7. 使用钢笔工具 ，继续在图3-34的空白位置，画出路径5的图形，色彩参数值为AF9B51，如图3-35所示。

图3-35　绘制路径5的组合图形

8. 使用椭圆形工具，继续在图3-35的空白位置，画出路径6的圆形组合图形，色彩参数值为F7B249，如图3-36所示。

图3-36　绘制路径6的组合图形

9. 将矩形在内的所有组合图形选中，点击鼠标右键，进行编组，使其成为一个整体，如图3-37所示。

图3-37 图形编组

10. 选中编组后的图案，运用镜像工具，参数设置轴向选择【水平】，点击【复制】按钮，如图3-38所示，即可得到对称路径，将上下对称的图形进行编组形成完整图形单元1，如图3-39所示。

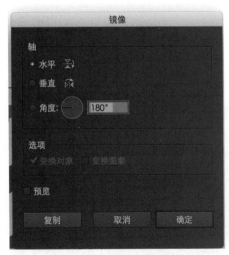

图3-38 镜像参数设置

图3-39 水平对称图形单元1

11. 将图3-39 水平对称的完整图形单元1进行复制、垂直移动，得到一个组合图形单元2，如图3-40 所示。

图3-40　组合图形单元2

12. 将组合图形单元2进行编组，运用镜像工具，参数设置轴向选择【垂直】，点击【复制】按钮，如图3-41，即可得到左右对称路径，并编组形成完整的图形单元3。

图3-41　垂直对称图形单元3

13. 对称后的图案如图3-42所示，形成二方连续图案的单独纹样；全部选择单独纹样，按【Alt+W+h】组合快捷键，打开色板，将二方连续图案的单独纹样拖到色板的空白位置，即可形成"新建图案色板"，如图3-42所示。

图3-42　二方连续图案的单独纹样

图3-43　新建图案色板

14. 实际使用时，只要先画出想要的形状路径，然后点击一下色板中的图案（刚刚拖进去的元素），它就会自动拼接好，形成连续排列的二方连续图案，如图3-44所示。

图3-44　二方连续图案

练习与思考

1. 四方连续纹样的骨式有哪几种？并举例说明。

2. 二方连续纹样在服装设计中的应用范围有哪些？

3. 以"春华秋实"为寓意，设计制作一幅适合纹样。

4. 以"梅花"为主题，设计制作一幅二方连续纹样。

第4章　服装面料设计应用实例

服装是由款式、色彩和面料三要素组成的，其中材料是最基本的要素。作为服装三要素之一，面料不仅可以诠释服装的风格和特性，而且直接左右着服装色彩、造型的表现效果，呈现出自身的高贵完美。面料根据织物的结构形态特征分为机（梭）织物、针织物、无纺织物及毛皮与皮革等。

4.1　梭织物面料设计

经纬两系统（或方向）的纱线互相垂直，并按一定的规律交织而形成的织物称为机（梭）织物。

4.1.1　实例效果

4-1　格子面料实例效果

4.1.2　制作方法

1. 打开Adobe Illustator软件应用程序，执行菜单栏中的【文件】\【新建】命令，或使用【Ctrl】+【N】组合快捷键，设定名称为"格子面料设计"，设定纸张大小为A4，单击"确定"，如图4-2所示。

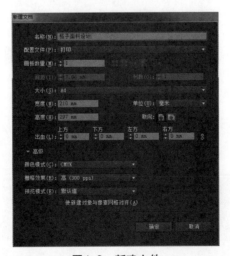

图4-2　新建文件

2. 单击工具箱中"矩形"选项，在画板任意位置单击，弹出矩形参数设置对话框，设置参数如图4-3。双击工具箱中的填色按钮，弹出"拾色器"对话框，各项参数设置如图4-4，CMYK值为（7，16，27，0），将矩形填充为肤色，效果如图4-5所示。

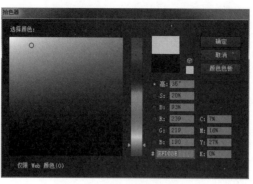

图4-3 矩形参数设置　　　　图4-4 拾色器参数设置　　　　　　图4-5 矩形填充

3. 继续单击工具箱中"矩形"选项，在画板任意位置单击，绘制53mm×53mm的矩形，双击工具箱中的填色按钮，弹出"拾色器"对话框，设置CMYK值为（7，16，27，0），将矩形填充为深粉色，效果如图4-6所示。

图4-6 矩形参数设置

4. 使用选择工具选择步骤3绘制矩形，移至与步骤2绘制矩形重叠，并使两个矩形中心点对齐（打开智能参考线：执行"编辑—首选项—智能参考线"）。继续单击工具箱中"矩形"选项，绘制一个与步骤2相同大小的矩形，放置在相同位置，去掉填充和描边，使用选择工具并按住【Shift】键，连选透明矩形和深粉色矩形，运用路径查找器中的减去顶层对象工具，留下深粉色边框，调整透明度为80%（图4-7），效果如图4-8所示。

图4-7 调整透明度　　　　　　图4-8 减去顶层对象

5. 继续单击工具箱中"矩形"选项 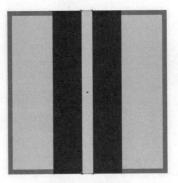（此处为内联小图标），在画板任意位置单击，绘制23mm×53mm的矩形，填充为黑色，调整透明度为80%，移至中心点对齐，效果如图4-9所示。

图4-9　矩形绘制

6. 使用选择工具 选择黑色矩形，按快捷键【Ctrl】+【C】复制一个矩形，再按【Ctrl】+【F】将其贴在前面。将其填充为白色，调整透明度为80%，按住【Alt】两端同时调整矩形宽度到合适位置，效果如图4-10所示。

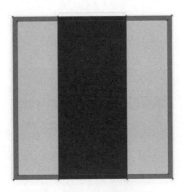

图4-10　矩形绘制

7. 继续按快捷键【Ctrl】+【C】复制一个白色矩形，再按【Ctrl】+【F】将其贴在前面，得到两个矩形。双击选择工具 ，设置移动参数如图4-11，将水平距离分别设置为4、-4，分别将两个矩形向左、右移动相同的距离，效果如图4-12所示。

图4-11　移动参数设置

图4-12　矩形绘制

63

8. 按住【Shift】键连选步骤5、6、7所画矩形，双击工具箱中的旋转工具 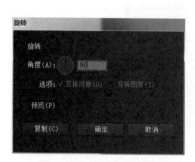，在弹出的旋转参数对话框中，将旋转角度设置为90°（图4-13），点击"复制"按钮，得到如图4-14效果。

图4-13　旋转参数设置

图4-14　矩形绘制

9. 使用选择工具 选择步骤4绘制的深粉色矩形边框，单击鼠标右键，调整图层顺序，使其置于顶层。效果如图4-15所示。

图4-15　调整图层顺序

10. 使用快捷键【Ctrl】+【A】选中所有对象，按快捷键【Ctrl】+【G】群组，如图4-16，并拖至【色板】中，创建一个新的格子色板，如图4-17所示。

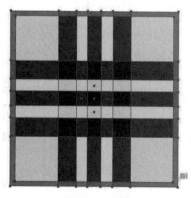

图4-16　群组

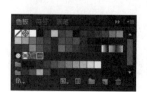

图4-17　创建色板

11. 删除画板中所有对象，使用工具箱中"矩形"选项 ，在画板中绘制200mm×200mm的矩形，在填充状态下，点击色板中新创建的格子图案，填充效果如图4-18所示。

图4-18　格子图案填充

12. 单击菜单栏中【对象】、【变换】、【分别变换】，在弹出的分别变换参数对话框中设置适合的参数，勾选"预览"（图4-19），可预览变换效果，如图4-20所示。

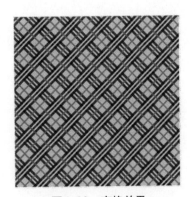

图4-19　分别变换参数　　　　　　图4-20　变换效果

13. 全选对象，执行【对象】、【栅格化】命令，根据设计需求可添加一些纹理，执行菜单栏中【效果】、【纹理】、【颗粒】，在弹出的对话框中设置适当参数如图4-21，并预览效果，如图4-22所示。

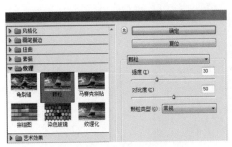

图4-21　纹理设置参数　　　　　　图4-22　纹理效果

14. 完成格子面料绘制，实例效果如图4-23所示。

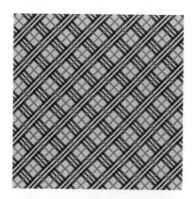

图4-23　格子面料实例效果

4.2　印花面料设计

印花面料是一种带有印花图案的纺织品，其图案的组织形式一般由图案用途来决定，可以分为单独纹样、适合纹样和二方连续、四方连续纹样。案例主要介绍四方连续印花面料设计，四方连续印花图案的特点是其花纹在平面空间中，上、下、左、右展开时可以做到无缝拼接，印花有很好的连续延展性。

4.2.1　实例效果

图4-24　印花面料实例效果

4.2.2　制作方法一

1. 打开Adobe Illustator软件应用程序，执行菜单栏中的【文件】-【新建】命令，或使用【Ctrl】+【N】组合快捷键，设定名称为"印花面料设计"，设定纸张大小为A4，单击"确定"，如图4-25所示。

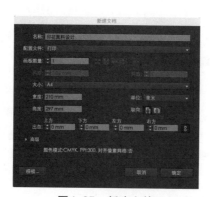

图4-25　新建文件

2. 单击工具栏中"矩形"工具，双击鼠标左键，各项参数设置如图4-26，绘制一个长宽均为7cm 的正方形，如图4-27所示。

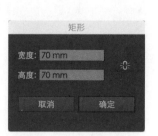

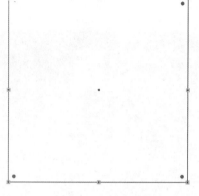

图4-26　矩形参数设置　　　　　　　　　图4-27　矩形绘制

3. 单击工具栏中"选择"工具 ，选择矩形，双击工具箱中的填色按钮 ，弹出"拾色器"对话框，各项参数设置如图4-28，CMYK值为（9，0，3，0），将正方形填充为浅蓝色，如图4-29所示。

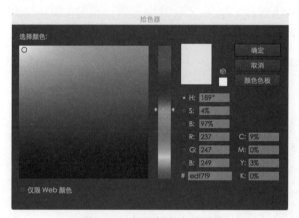

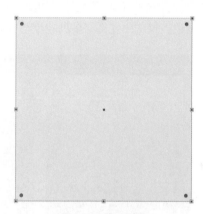

图4-28　矩形颜色参数设置　　　　　　　　　图4-29　矩形填充

4. 单击工具箱中钢笔工具 ，绘制出单元主花型的线条轮廓，双击工具箱中的填色按钮 ，弹出"拾色器"对话框，各项参数设置如图4-30，CMYK值为（4，45，26，0），将单元主花型形状填充为浅红色，继续用填色器将装饰花瓣和花蕊填充为裸粉色，CMYK值为（3，13，7，0），用鼠标框选整个单元主花型，点击右键，选择编组，将主花型各元素组合在一起。效果如图4-31所示。

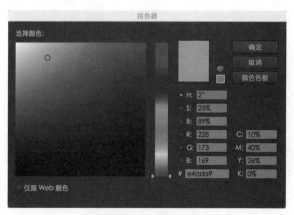

图4-30　参数设置　　　　　　　　　图4-31　单元主花型填充

5. 用钢笔工具 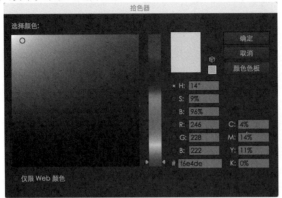，绘制出单元辅助花型的线条轮廓，双击工具箱中的填色按钮 ，弹出"拾色器"对话框，各项参数设置如图4-32，CMYK值为（3，13，7，0），将单元辅助花型形状和花瓣填充为裸粉色，效果如图4-33所示。

图4-32　辅助花型颜色参数设置

图4-33　辅助花型和花瓣填充

6. 继续用钢笔工具 ，绘制另一辅助花型和叶子的线条轮廓，双击工具箱中的填色按钮 ，弹出"拾色器"对话框，各项参数设置如图4-34，CMYK值为（3，13，7，0），将另一辅助花型和叶子形状填充为草绿色，操作中注意将辅助花型与叶子单独做好编组，效果如图4-35所示。

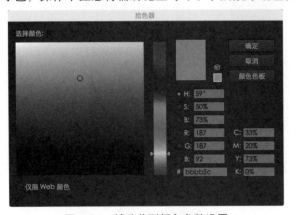

图4-34　辅助花型颜色参数设置

图4-35　辅助花型、叶子填充

7. 单击工具栏中"选择"工具 ，选择单元主花型，按住"Shift"键保持等比例缩放变换大小，拖动两个辅助花型，将其与单元主花型摆放组合在一起，摆放过程中使用快捷键【Ctrl】+【C】、【Ctrl】+【V】复制、粘贴各个花型。在组合时要注意花型大小疏密关系，使画面更为稳定有韵律感，同时要注意留出位置使越出蓝色底纹的花纹部分能对接到其反方向，效果如图4-36所示。

图4-36　组合摆放花型

8. 添加叶子、花瓣图案。继续使用"选择"工具 ，选择叶子以及花瓣，按住"Shift"键保持等比例缩放，在变换大小的同时，用鼠标拖动图像旋转箭头调整图像角度，将其与花型摆放组合在一起，摆放过程注意画面的疏密关系，效果如图4-37所示。

图4-37　摆放组合叶子、花

9. 单击工具栏中"椭圆" ，按住"Shift"键绘制小圆点，用填色按钮 将小圆点填充为草绿色，CMYK值为（3，13，7，0），使用快捷键【Ctrl】+【C】、【Ctrl】+【V】复制粘贴小圆点，并将其缩放至适当大小，点缀在花型与叶子之前，使画面更为饱满和谐，效果如图4-38所示。

图4-38　添加小圆点点缀

10. 单击工具栏中"选择"工具 ，沿矩形右侧拉伸一个矩形，将其填充为浅灰色，CMYK值为（27，23，21，0）。选择"直线工具" ，按住"Shift"键垂直拉伸一条辅助参考线，利用该辅助线将新建的浅灰色矩形与面料底色无缝对齐，如图4-39所示。

图4-39　绘制右侧矩形

69

11. 单击工具栏中"选择"工具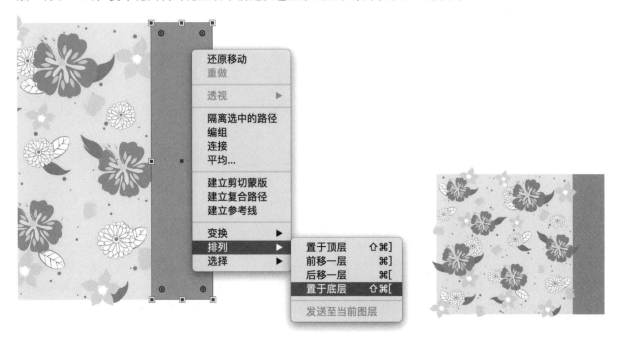，选中新建的灰色矩形，单击鼠标右键，选择"排列—置于底层"（图4-40），使印花面料的花型居于新建灰色矩形之上。效果如图4-41所示。

图4-40　将矩形置底　　　　　　　　　　　　　图4-41　置底效果

12. 单击工具栏中"选择"工具，按住"Shift"键选取新建灰色矩形和越出蓝色底纹的花型图案，选中"窗口—路径查找器"命令（快捷键Shift+Ctrl+F9），选择路径查找器面板中的"分割"工具，对花型进行分割。如图4-42所示。

图4-42　分割花型

70

13.单击鼠标右键"取消编组"命令，如图4-43，选中新建灰色矩形，进行删除，如图4-44所示。

图4-43　取消编组

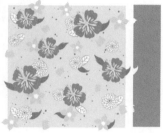

图4-44　删除矩形

14.单击工具栏中"选择"工具，按住"Shift"键选取越出底纹的花纹以及蓝色底纹，选择对齐控制面板中的"水平左对齐"按键（图4-45），效果如图4-46所示。

图4-45　水平左对齐花型

图4-46　左对齐效果

71

15. 单击工具栏中"选择"工具 ▶，沿浅蓝色矩形左侧拉伸一个矩形，将其填充为浅灰色，CMYK值为（27，23，21，0）。选择"直线工具" ✎，按住"Shift"键垂直拉伸一条辅助参考线，利用该辅助线将新建的浅灰色矩形与面料底色无缝对齐，效果如图4-47所示。

图4-47　绘制左侧矩形

16. 重复步骤10—12，单击工具栏中"选择"工具 ▶，按住"Shift"键选取越出底纹的花纹以及蓝色底纹，选择对齐控制面板中的"水平右对齐"按键 ▣，使得左右两边花纹能无缝对接，效果如图4-48所示。

图4-48　右对齐效果

72

17. 单击工具栏中"选择"工具 ，沿浅蓝色矩形上方拉伸一个矩形，将其填充为浅灰色，CMYK值为（27，23，21，0）。选择"直线工具" ，按住"Shift"键纵向拉伸一条辅助参考线，利用该辅助线将新建的浅灰色矩形与面料底色无缝对齐，如图4-49所示。

图4-49　绘制上方矩形

18. 继续重复步骤10—12，单击工具栏中"选择"工具 ，按住"Shift"键选取越出底纹的花纹以及蓝色底纹，选择对齐控制面板中的"垂直顶对齐"按键 ，效果如图4-50所示。

图4-50　顶对齐效果

73

19. 继续单击工具栏中"选择"工具 ⬚，沿浅蓝色矩形下方拉伸一个矩形，将其填充为浅灰色，CMYK值为（27，23，21，0）。选择"直线工具" ⬚，按住"Shift"键纵向拉伸一条辅助参考线，利用该辅助线将新建的浅灰色矩形与面料底色无缝对齐，如图4-51所示。

图4-51 绘制上方矩形

20. 继续重复步骤10—12，单击工具栏中"选择"工具 ⬚，按住"Shift"键选取越出底纹的花纹以及蓝色底纹，选择对齐控制面板中的"垂直底对齐"按键 ⬚，即完成四方连续单元印花图案的绘制，图案上、下、左、右的花纹均可以无缝对接，效果如图4-52所示。

图4-52 最终对齐效果

21. 使用快捷键【Ctrl】+【A】选中所有对象，按快捷键【Ctrl】+【G】群组，并拖至【色板】中，创建一个新的印花图案色板，如图4–53所示。

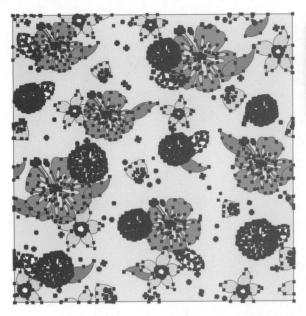
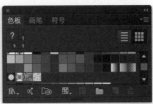

图4-53　创建印花色板

22. 删除画板中所有对象，使用工具箱中"矩形"选项，在画板中绘制200mm×200mm的矩形，在填充状态下，点击色板中新创建的格子图案，填充矩形，即完成四方连续印花面料绘制，实例效果如图4–54所示。

图4-54　最终印花效果

4.2.3 制作方法二

1. 重复制作方法一的1-9步骤，将印花图案组合设计完成。单击工具栏中"矩形工具" ，按住"Shift"键沿浅蓝色矩形下方拉伸一个矩形，无填充色，无描边色如图4-55所示。

图4-55　创建矩形框

2. 点选已绘制好的印花图案与矩形框，如图4-56所示，单击右键，点选"建立剪切蒙版"，如图4-57所示，将沿浅蓝色矩形周围多余印花图案去除，效果如图4-58所示。

图4-56　点选印花图案与矩形框

76

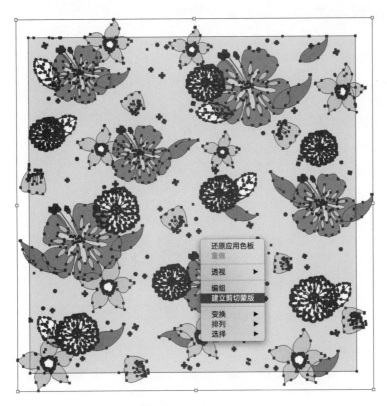

图4-57　建立剪切蒙版

图4-58　建立剪切蒙版后效果图

3. 使用快捷键【Ctrl】+【A】选中所有对象，按快捷键【Ctrl】+【G】群组，并拖至【色板】中，创建一个新的印花图案色板，同方案一的第21-22步骤，实例效果图与方法一相同。

4.3 针织面料设计

针织面料是由线圈相互穿套连接而成的织物，是织物的一大品种。针织物形成方式不同于机织物。根据生产方式的不同，它可分为纬编针织物和经编针织物，其线圈都是基本的组成单元。

4.3.1 实例效果

4-59　针织面料实例效果

4.3.2 制作方法

1. 打开Adobe Illustator软件应用程序，执行菜单栏中的【文件】\【新建】命令，或使用【Ctrl】+【N】组合快捷键，设定名称为"针织面料设计"，设定纸张大小为A4，单击"确定"，如图4-60所示。

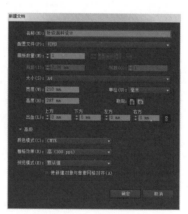

图4-60　新建文件

2. 单击工具箱中钢笔工具，绘制出针织单形状，双击工具箱中的填色按钮，弹出"拾色器"对话框，各项参数设置如图4-61所示，CMYK值为（38，99，96，4），将针织单形状填充为红色，效果如图4-62所示。

图4-61　参数设置

图4-62　针织单形状填充

78

3. 单击鼠标右键，执行【变换】、【对称】命令，如图4-63在弹出的"镜像"对话框中，选择"垂直"，角度为90°，点击"复制"按钮，效果如图4-64所示。

图4-63　镜像参数设置　　　　图4-64　镜像复制

4. 使用选择工具 框选所有图形，双击选择工具，弹出"移动"对话框，设置适合参数，如图4-65，点击"复制"按钮，效果如图4-66所示。

图4-65　移动参数设置　　　　图4-66　移动复制

5. 连续使用快捷键【Ctrl】+【D】，变换再制出足够多的单位针织图形。使用选择工具 框选选中一排针织图形，双击选择工具设置适合参数进行等距离水平复制，将垂直距离设置为"0"，水平距离设置为针织图形宽度，不断进行【Ctrl】+【D】等距离水平复制，效果如图4-67所示。

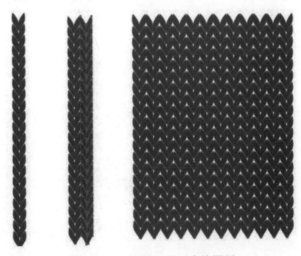

图4-67　单位针织图形变换再制

79

6. 单击工具箱中"矩形"选项 ，绘制一个与所绘制图案相同大小的矩形，填充为黑色，鼠标右键调整图层顺序，使其置于底层，效果如图4-68所示。

图4-68　矩形绘制

7. 使用选择工具 ，选出针织面料上提花花型，将其填充为白色，效果如图4-69、4-70所示，完成提花组织绘制。

图4-69　填充提花组织　　　　　　4-70　完成提花组织绘制

8. 使用选择工具 ，选择黑色矩形，调整宽度、高度，使其与单位提花组织大小相等，效果如图4-71所示，完成单位提花组织绘制。

图4-71　调整矩形大小

9. 继续使用选择工具 ，选择黑色矩形，按快捷键【Ctrl】+【C】复制一个矩形，再按【Ctrl】+【F】将其贴在前面，并去掉其描边和填充。单击鼠标右键，调整图层顺序，使其置于底层，效果如图4-72所示。

4-72　调整图层顺序

10. 如图4-73使用快捷键【Ctrl】+【A】选中所有对象，并拖至【色板】中，创建一个新的针织面料色板，如图4-74所示。

图4-73　选中所有对象

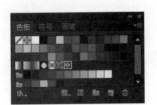

4-74　创建色板

11. 删除画板中所有对象，使用工具箱中"矩形"选项 ，在画板中绘制200mm×200mm的矩形，在填充状态下，点击色板中新创建的针织面料图案，填充效果如图4-75所示。

4-75　针织图案填充

81

12. 单击菜单栏中【对象】、【变换】、【分别变换】，在弹出的分别变换参数对话框中设置适合的参数，勾选"预览"，可预览变换效果，如图4-76、图4-77所示。

图4-76　分别变换参数　　　　　　　　　4-77　变换效果

13. 全选对象，执行【对象】、【栅格化】命令，根据设计需求可添加一些纹理，执行菜单栏中【效果】、【画笔描边】、【喷溅】，在弹出的对话框中设置适当参数并预览效果（图4-78），单击"确定"，效果如图4-79所示。

 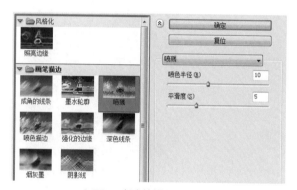

图4-78　喷溅设置参数　　　　　　　　　4-79　喷溅效果

14. 完成针织面料绘制，实例效果如图4-80所示。

4-80　针织面料实例效果

4.4 蕾丝面料设计

蕾丝面料的用途非常广泛，可以覆盖全纺织行业，所有纺织品都能够加入一些漂亮的蕾丝元素。蕾丝面料分为有弹蕾丝面料和无弹蕾丝面料，统称为花边面料。蕾丝面料因质地轻薄而通透，具有优雅而神秘的艺术效果，被广泛地运用于女性的贴身衣物。

4.4.1 实例效果

图4-81　蕾丝面料实例

4.4.2 制作方法

1. 打开Adobe Illustator软件，执行菜单栏中的【文件】\【新建】命令，或使用【Ctrl】+【N】组合快捷键，设定纸张大小为100mm×100mm，并使用【Ctrl】+【R】显示标尺，将辅助线拖至适当位置，如图4-82所示。

图4-82　新建文件

83

2. 用【直线段工具】绘制一条垂直线，执行菜单【效果/扭曲和变换/波纹效果】，弹出对话框（图4-83），进行参数设置后单击【确定】。执行【对象/扩展外观】。双击【镜像】按钮，镜像对象，然后用【矩形】绘制一个定界框（图4-84），得到蕾丝面料的网眼效果底纹。

图4-83　参数设置

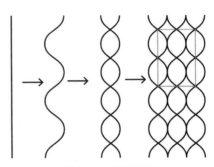

图4-84　线段变形

3. 全选对象，将其拖放至【色板】面板中，创建图案色板，如图4-85所示。

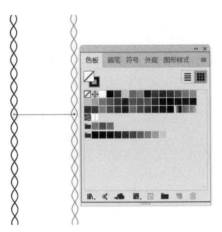

图4-85　创建图案色板

4. 用【矩形】工具绘制出一个15cm×15cm的矩形，单击面板中新添加的曲线线段图案，形成如图4-86的图案。执行菜单【对象/变换/缩放】，弹出对话框，根据需要设置参数即可。

4-86　矩形曲线线段图案

84

5. 选择【钢笔】工具，大致画出单位蕾丝花型，如图4-87所示。值得注意的是：所有的曲线是封闭路径或相互重叠，以便于其填色处理或用智能填色工具填色。

图4-87　线段变形

6. 选择【直接选择工具】将每个花型进行调整，使轮廓线条到圆顺的位置，如图4-88所示。

图4-88　花型设置调整

7. 选择【钢笔】工具，继续深入绘制单位蕾丝花型，绘制花瓣内细节，如图4-89所示。值得注意的是：所有的曲线是封闭路径或相互重叠，以便于其填色处理或用智能填色工具填色。

图4-89　花型细节绘制

85

8. 选择花型外轮廓路径，设置描边对象的轮廓宽度为1.0mm，将其轮廓加粗，花型里细节纹路设置对象的轮廓宽度为0.25mm，如图4-90所示。

图4-90　花型轮廓设置

9. 继续绘制单位图形中的每一个封闭花型图案直至完整，如图4-91所示。

图4-91　花型绘制

10. 将先前绘制的网眼纱效果的底纹图形置于底层，如图4-92所示。

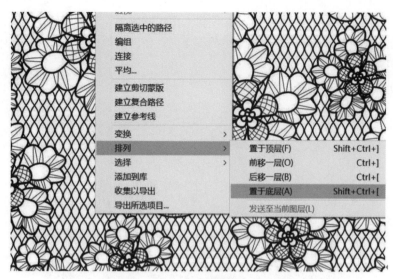

图4-92　底纹填充

11. 完成蕾丝面料的绘制（图4-93）。

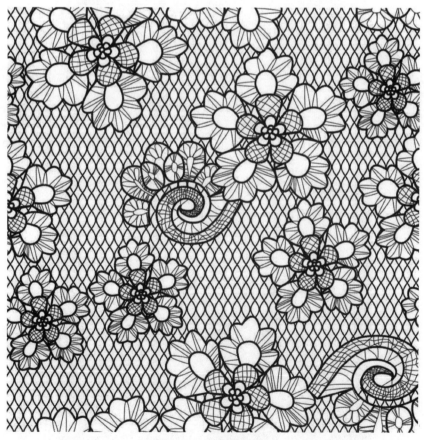

图4-93　蕾丝面料效果

4.5 刺绣面料设计

刺绣面料分为机绣面料和手工绣面料，即在面料上用机器或手工刺绣上图案，较之非刺绣面料更为精致，呈现丰富的立体效果。绣花面料一般造价成本更高，相应的价格也更为昂贵，具有色牢度好、透气佳、吸湿性好等优点。

4.5.1 实例效果

4-94 刺绣面料实例效果

4.5.2 制作方法

1. 打开Adobe Illustator软件应用程序，执行菜单栏中的【文件】\【新建】命令，或使用【Ctrl】+【N】组合快捷键，设定名称为"刺绣面料设计"，设定纸张大小为A4，单击"确定"，如图4-95所示。

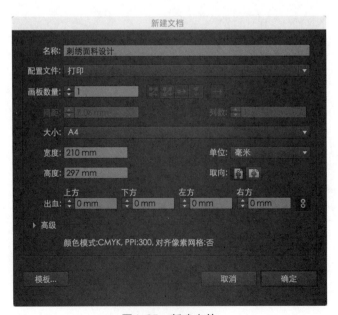

图4-95 新建文件

88

2. 长按工具栏中"矩形" 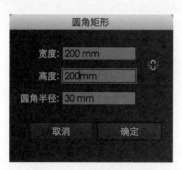 工具，选择"圆角矩形"工具 圆角矩形工具。双击鼠标左键，各项参数设置如图4-96所示，绘制一个长宽均为20cm 、圆角半径为3cm的圆角矩形（图4-96）。双击工具箱中的填色按钮，将其填充为卡其色，CMYK值为（18，26，47，0），效果如图4-97所示。

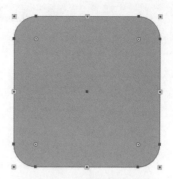

图4-96　矩形参数设置　　　　　　　　　图4-97　圆角矩形填充

3. 单击"选择"工具选中圆角矩形，使用快捷键Ctrl+C复制、Ctrl+F原点粘贴圆角矩形，在属性栏中将顶层圆角矩形长宽设置为18.5cm，如图4-98所示，将顶层圆角矩形填充为金色，CMYK值为（30，29，80，0），效果如图4-99所示。

图4-98　圆角矩形大小设置　　　　　　　图4-99　顶层圆角矩形填充

4. 再次使用快捷键Ctrl+C复制、Ctrl+F原点粘贴圆角矩形，在属性栏中将顶层圆角矩形长宽设置为18cm，如图4-100所示，双击工具箱中的描边按钮，参数如图4-101所示，将圆角矩形描边颜色设置为深紫色，CMYK值为（76，100，58，39）。

形状: 180 mm　180 mm

图4-100　圆角矩形大小设置　　　　　　　　图4-101　描边颜色参数设置

5. 在属性栏中将圆角矩形描边粗细设置为2pt，单击"描边" 描边，选择"虚线"，将边线设置为线迹效果，如图4-102所示。

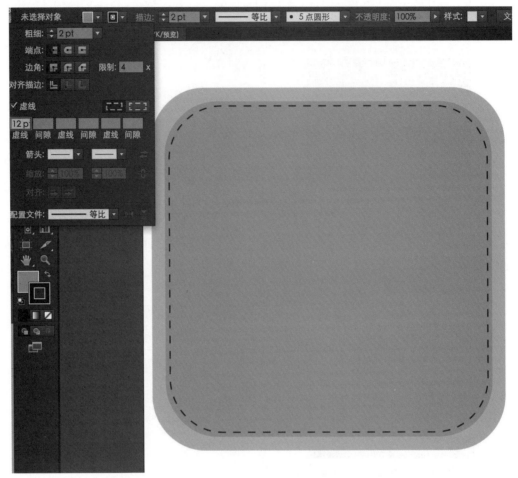

图4-102　描边粗细、样式设置

6. 单击"选择"工具选择外层圆角矩形，使用快捷键Ctrl+C复制、Ctrl+F原点粘贴圆角矩形，单击鼠标右键，选择"排列—置于顶层"，将顶层圆角矩形长宽设置为17.5cm，如图4-103所示，将其填充为深紫色，CMYK值为（76，100，58，39），填充后效果如图4-104所示。

形状：⟷ 175 mm　🔗 175 mm

图4-103　圆角矩形大小设置　　　　　　图4-104　顶层圆角矩形填充

7. 单击工具箱中钢笔工具 ![icon]，绘制出主体刺绣花型基本轮廓，双击工具箱中的填色按钮 ![icon]，弹出"拾色器"对话框，各项参数设置如图4-105所示，CMYK值为（15，27，76，0），将单元主花型基本轮廓填充为深黄色，效果如图4-106所示。

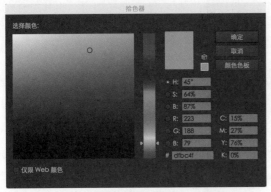

图4-105 主体花型基本轮廓颜色参数设置

图4-106 主体花型基本轮廓填充效果

8. 用钢笔工具 ![icon] 继续绘制主体刺绣花型，双击工具箱中的填色按钮 ![icon]，弹出"拾色器"对话框，各项参数设置如图4-107所示，CMYK值为（15，27，76，0），将单元主花型轮廓填充为浅黄色，效果如图4-108所示。

图4-107 主体花型轮廓颜色参数设置

图4-108 主体花型轮廓填充效果

9. 用钢笔工具 ![icon] 绘制出枝干，绘制过程中注意枝干轮廓的走向应与底布形状吻合，使得整个画面构图稳定平衡。双击工具箱中的填色按钮 ![icon]，弹出"拾色器"对话框，各项参数设置如图4-109、图4-110所示，CMYK值分别为（52，67，91，12）、（15，37，93，4），将主体枝干填充为褐色，辅助枝干填充为黄绿色，填充效果如图4-111所示。

图4-109 主体枝干颜色参数设置

图4-110 辅助枝干颜色参数设置

图4-111 枝干填充效果

10. 丰富主体花型，使其具备刺绣效果。单击工具箱中钢笔工具 ，沿花纹边缘路径绘制锯齿状叠层花型，使用填色按钮 将叠层花型填充为图示颜色，橙色层叠面CMYK值为（3，52，86，0），褐色层叠面CMYK值为（37，83，100，2），深红色层叠面CMYK值为（0，88，84，0），绘制时注意各个层叠面的排列顺序。按住Shift键多选主体刺绣花型各个元素，点击鼠标右键，选择编组，将其组合在一起，效果如图4-112所示。

4-112　主体花型刺绣效果填充

11. 绘制花蕊。单击工具栏中选择椭圆工具 ，绘制椭圆，使用填色按钮 将椭圆填充为蓝灰色，CMYK值为（55，20，29，0）。沿椭圆边缘路径绘制锯齿状叠层，将其填充为褐色，CMYK值为（63，95，91，25），继续用钢笔工具绘制枝茎将其填充为绿色，CMYK值为（41，29，70，0）。按住Shift键多选各个元素进行编组，如图4-113所示，复制旋转后将花蕊摆放至如图4-114所示位置。

图4-113　花蕊绘制　　　　　　　　　　　　　图4-114　花蕊摆放

12. 绘制辅助刺绣花型。单击工具栏中选择椭圆工具 ⬭ ，按住"Shift"键绘制正圆，使用填色按钮 ▣ 将其填充为蓝灰色，CMYK值为（55，20，29，0），单击"选择"工具选中正圆，使用快捷键Ctrl+C 复制，Ctrl+F原点粘贴正圆，按住"Shift"键将其等比例缩放至图示大小，使用填色按钮 ▣ 将其填充为 绿色，CMYK值为（41，29，70，0），用钢笔工具 ✐ 绘制绣花花瓣，将其填充为黄色，CMYK值为（7， 15，66，0），并使用快捷键【Ctrl】+【C】、【Ctrl】+【V】粘贴花瓣，将其与同心圆组合编组，如图4-115 所示。

图4-115　辅助刺绣花型绘制

13. 使用快捷键Ctrl+C复制，Ctrl+V粘贴辅助刺绣花型，并摆放在如图4-116所示位置。

图4-116　辅助花型摆放

14. 绘制叶子。用钢笔工具 ✐ 绘制出叶子的线条轮廓，使用工具箱中的填色按钮 ▣ 将叶子形状填 充为草绿色和蓝灰色，CMYK值分别为（15，37，93，4），（15，37，93，4）。填充效果如图4-117所示。

图4-117　叶子绘制

15. 使用快捷键【Ctrl】+【C】、【Ctrl】+【V】复制、粘贴叶子，将其与主花型、枝干摆放组合在一起，最终效果如图4-118所示。

图4-118　最终效果图

练习与思考

1. 刺绣服装面料的表现主要特点是什么？举例说明。

2. 针织面料的设计表现方法有几种？分别举例说明。

3. 设计制作各种质感面料。

第5章　服装款式设计应用实例

5.1　服装款式设计

　　服装的款式设计图指体现服装款式造型的平面图。包括具体各部位详细比例、服装内结构及装饰，一些服装饰品的设计也可通过平面图加以刻画。服装的款式即是服装构成的外观形象，由服装的外轮廓、内部衣缝结构及相关附件的形状与安装部位等多种因素综合决定的，这种形式的设计图是服装专业人员必须掌握的基本技能。由于它绘画简单，易于掌握，是行业内表达服装样式的基本方法。服装款式设计也是纸样设计的重要依据，也是服装效果图的简化、具象化的造型设计，包括轮廓线的设计和结构线的设计。服装款式设计图应准确工整，各部位比例形态要符合服装的尺寸规格。款式平面图的绘制有两种：第一种用直线均匀勾画，线条粗细统一，严谨规范；另一种粗细线条交错使用，同时可以在款式图上略加灰色，形成黑白灰三种调子，增添款式图的艺术效果。

　　服装轮廓即服装的逆光剪影效果。它是服装款式造型的第一视觉要素，在服装款式设计时是首先要考虑的因素，其次才是分割线、领型、袖型、口袋型等内部的部件造型。

5.2　线描稿

　　服装款式的线描稿是指用线条来表达服装款式造型的设计稿。

5.2.1　实例效果

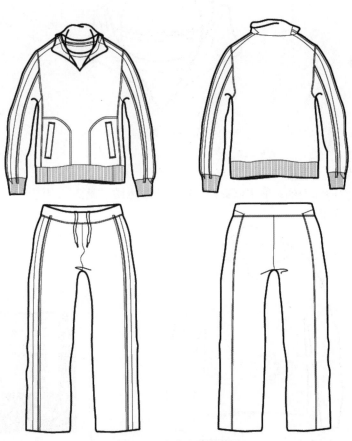

图5-1　女式上装线描稿

95

5.2.2 制作方法

1. 打开Adobe Illustator软件应用程序，执行菜单栏中的【文件】\【新建】命令，或使用【Ctrl】+【N】组合快捷键，设定名称为"服装款式设计"，设定纸张大小为200mm×200mm，单击"确定"，如图5-2所示。

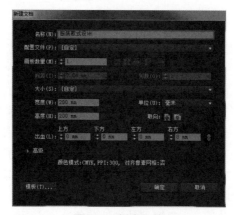

图5-2　新建文件

2. 使用钢笔工具 绘制领部款式，并用直接选择工具 和选择工具 调整，外部轮廓描边设置为1.8pt，内部结构线描边设置为0.45pt，画出如图5-3所示的领型款式。

图5-3　领型款式

3. 继续使用钢笔工具 绘制衣袖和衣身，并用直接选择工具 和选择工具 调整，绘制出如图5-4所示的衣身款式的外型线，描边设置为1.8pt。注意运用"变换"中的"水平翻转"，使左右款式对称，如图5-4、图5-5所示。

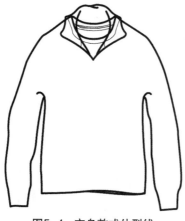 

图5-4　衣身款式外型线　　　　　　图5-5　水平翻转

96

4. 继续使用钢笔工具 绘制结构线，口袋、下摆、袖口以及装饰线等，并用直接选择工具 和选择工具 调整，描边设置为0.45pt，如图5-6所示。

图5-6　衣身结构线及口袋绘制

5. 绘制下摆、袖口的螺纹口线，描边设置为0.225pt，如图5-7所示。

图5-7　螺纹口线绘制

6. 绘制明线，如图5-8所示。描边设置为0.25pt，端点为"平头端点"，边角为"斜接连接"，限制值设为"22.9"，并且勾选"虚线"，虚线设置为0.45pt，间隙为0.45，如图5-8、图5-9所示。

图5-8　明线的绘制

图5-9　明线的设置

97

7. 在上衣正面效果图的基础上，使用选择工具 框选领子、下摆和口袋等部位多余款式线删除，并调整领型，绘制背面款式，如图5-10所示。

图5-10　上衣背面款式图

8. 绘制裤子正面和背面款式，如图5-11、图5-12所示。

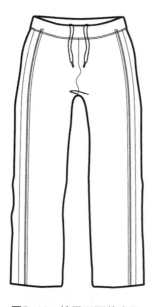

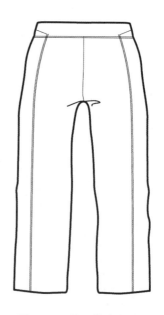

图5-11　裤子正面款式图　　　　　图5-12　裤子背面款式图

9. 完成整套服装的款式图线稿绘制，如图5-13所示。

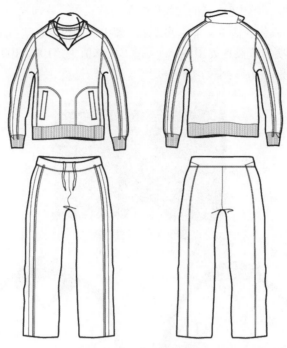

图5-13　整套服装款式图

5.3　彩色稿

5.3.1　实例效果

服装款式的彩色稿是指用色彩+线条的方法来表达服装款式造型的设计稿。

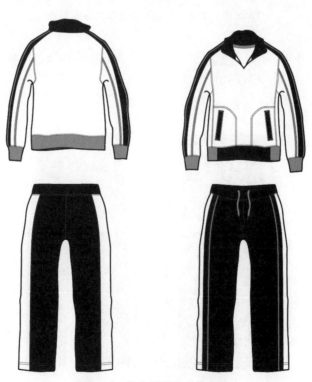

图5-14　整套服装着色款式图

5.3.2　制作方法

1. 为线稿着色，注意每一个颜色区域的封闭性以及与款式线、装饰线的排列顺序。按住【Shift】键，使用选择工具![icon]同时选中衣领、袖中、正面款式图下摆中段和口袋，双击工具箱中的填色按钮![icon]，弹出"拾色器"对话框，各项参数设置如图5-15所示，CMYK值为（100，100，68，12），并单击"确定"按钮，将这些部件填充为墨蓝色，效果如图5-16所示。

图5-15　设置参数

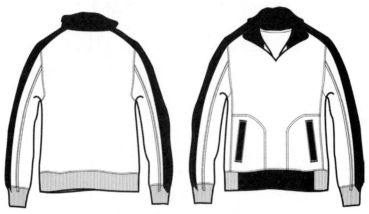

图5-16　上装衣领、袖中等填充为墨蓝色

2. 按住【Shift】键，使用选择工具![icon]同时选中裤子款式图中墨蓝色区域，双击工具箱中的填色按钮![icon]，弹出"拾色器"对话框，CMYK值为（100，100，68，12），并单击"确定"按钮，将这些部件填充为墨蓝色，效果如图5-17所示。

图5-17　下装墨蓝色填充

100

3.经过初步上色的款式图如图5-18所示。

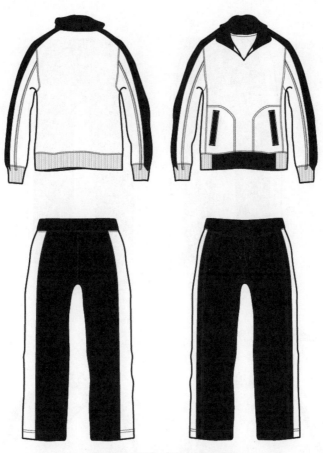

图5-18　整套服装墨蓝色填充款式图

4.按住【Shift】键,使用选择工具 ▶ ,同时选中上衣款式图中浅蓝色色区域,双击工具箱中的填色按钮 ▣ ,弹出"拾色器"对话框,各项参数设置如图5-19所示,CMYK值为(50,5,0,0),并单击"确定"按钮,将这些部分填充为浅蓝色,效果如图5-20所示。

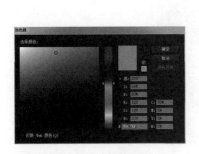

图5-19　设置参数

图5-20　上衣螺纹口着色

5. 选择裤子正面款式图中浅蓝色区域，CMYK值为（50，5，0，0），并单击"确定"按钮，将这些部分填充为浅蓝色，效果如图5-21所示。

图5-21　下装浅蓝色着色

6. 经过上色的款式图如图5-22所示。

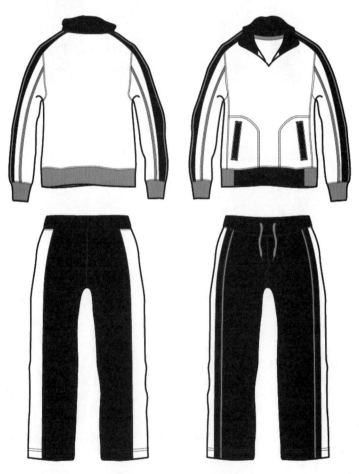

图5-22　上色款式图

7. 拉链绘制。

（1）如图5-23，使用钢笔工具 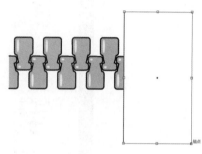 绘制出拉链的形状，填充金属色，并使用椭圆工具 ⬤ 制作高光效果，使用快捷键【Ctrl】+【G】群组，形成一个完整的拉链齿。使用直接选择工具 ▶ 并按住【Alt】，拖出复制一个拉链齿，垂直翻转，摆放在合适的位置，使拉链齿咬合。继续群组一对经过咬合的拉链齿，复制四组。如图5-24，绘制一个经过最左端和最右端拉链齿中心的矩形，运用路径查找器中的减去顶层对象工具 ▣ ，分别留下一半拉链齿便于之后的复制拼接。点击工具栏中的剪刀工具 ✂ ，鼠标单击边缘上、下两个锚点，断开路径，并将多余路径删除，如图5-25、图5-26所示。

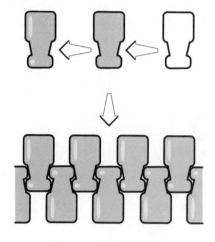

图5-23　拉链绘制步骤

图5-24　减去左右两边一半的拉链以绘制连接循环

图5-25　断开路径

图5-26　删除路径

（2）使用快捷键【Ctrl】+【G】群组形成一组循环的拉链齿，打开画笔面板 🖌 ，将这组拉链齿直接拖进画笔面板，选择新建【艺术画笔】，在艺术画笔选项中设置如图5-27参数。

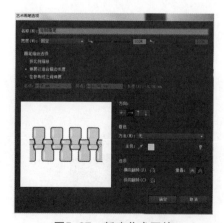

图5-27　新建艺术画笔

103

（3）双击直线段工具 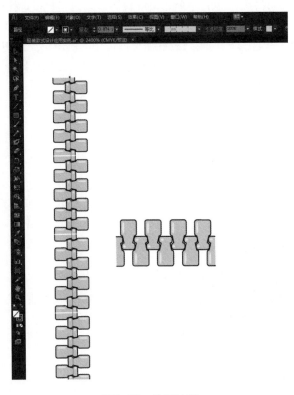，设置长度为4.04mm，点击新建的"拉链艺术画笔"，并复制多段，如图5-28所示。

图5-28　绘制拉链

（4）灵活运用圆角矩形工具 、钢笔工具 、椭圆工具 等，配合路经查找器中的形状模式以及混合路径等多种方式，绘制拉链头各组成部分，如图5-29所示。单击工具箱中的描边按钮 ，将描边设置为黑色，0.164pt，参数如图5-30所示。使用直接选择工具 选中所有拉链头零部件，按住快捷键【Ctrl】+【G】群组形成一个完整的拉链头，如图5-31所示。

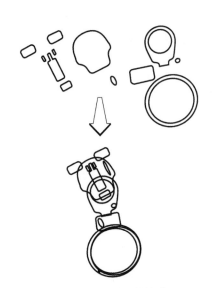

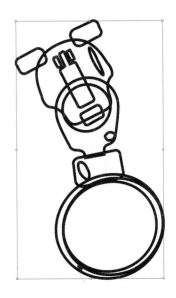

图5-29　绘制拉链头　　　　　图5-30　设置描边参数　　　　　图5-31　群组拉链头

（5）按住【Shift】键，使用选择工具 ，同时选中如图5-32中的3个部件，双击工具箱中的填色按钮，弹出"拾色器"对话框，CMYK值为（67，59，56，6），并单击"确定"按钮，将这些部分填充为深灰色，效果如图5-33所示。

图5-32　选择形状

图5-33　填充灰色

（6）按住【Shift】键，使用选择工具 选择如图5-34部件，打开渐变面板，选择"白色、黑色"渐变效果，类型为"径向"，单击工具箱中的填色按钮，弹出"拾色器"对话框，各项参数设置如图5-35所示，并单击"确定"按钮，将这些部分填充为"白色、黑色"渐变，效果如图5-36所示。

图5-34　选择形状　　　　　　　图5-35　渐变填充设置　　　　　　图5-36　渐变填充效果

（7）显示所有经过填充和径向渐变的拉链部位，如图5-37所示。

图5-37　显示拉链头绘制

105

（8）将经过复制的拉链齿和拉链头摆放如图5-38所示，按住快捷键【Ctrl】+【G】群组形成一条完整的拉链。

图5-38　群组拉链

8. 使用直接选择工具 选中拉链整体移到上装款式图中门襟的位置，效果如图5-39所示。

图5-39　完成上装正面着色款式图

9. 完成的服装背面、正面款式图如图5-40所示。执行菜单栏【文件】\【存储为】命令，在保存的文件名中输入"服装款式应用实例"，格式为"AI"，以完成图像的保存。

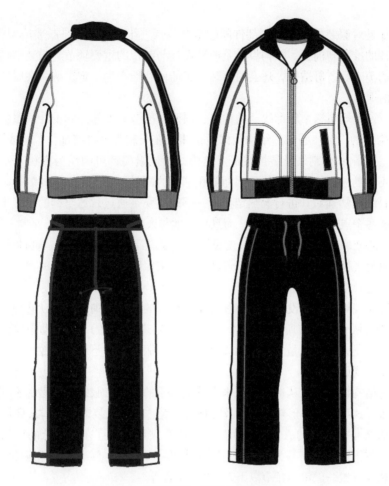

图5-40　服装背面、正面着色款式图

练习与思考

1. 服装款式图与服装效果图有哪些区别和联系？

2. 服装款式图的设计对于服装结构设计有哪些重要性？

3. 在制作服装款式图时，主要用到Adobe Illustator哪些工具或命令？

4. 选择一组服装，使用Adobe Illustator绘制一套完整的服装款式图。

第6章 服装结构设计应用实例

服装结构设计是对服装的构成及各部件间的组合关系进行设计。它是服装造型设计的延伸与完善，又是服装工艺设计的准备与前提。结构设计是服装设计与制作的重要环节。服装结构设计是否合理，不仅会影响到服装的美观性、舒适性，还会对服装加工的便利性产生一定影响。在服装生产中，结构设计占据着非常重要的地位。

服装的结构设计主要包括：轮廓线、结构线、领型、袖型和零部件的设计。服装结构设计在一定意义上来说即是结构线的设计。服装的结构线即是指体现在服装各个拼接部位，构成服装整体形态的线，主要包括省道线、褶裥和分割线及装饰线等。结构线不论繁简都可归纳为直线、弧线和曲线三种。由于人体是由起伏不平的曲面组成的立体，因而要在平面的面料上表现出立体的效果，必须收去多余的部分，除了利用面料的可塑性对其进行湿热定型外，一般主要是通过省道与褶的设置来实现这一目的。结构设计应注重服装各个点、线、面的关系，而且巧妙地与人体结构结合。

服装结构设计的准确度一般可以通过长度设计、围度设计、结构线设计、部件比例等方式来控制。

长度设计：服装规格的长度设计是造型设计，要求按照服装款式设计图的设计，忠实于服装各部位长度的比例关系制定长度规格。

围度设计：服装规格的围度设计是造型和功能相结合的设计。围度的设计必须考虑三个放松量：一是静态放松量，如呼吸量、服装所在层次量（内层、中层还是外层）；二是动态放松量，即满足人体基本运动的放松量；三是造型放松量，由于紧体服装与宽松服装造型不同，其放松量的差异也非常大，因此具体数据须根据款式而定。

结构线设计：结构线的设计从造型特征来讲就是线条的设计。服装衣片是由不同的直线与曲线连接而成的，它的表现形式可能是外形轮廓线以及各种省、缝、折裥、装饰线迹、衣身分割线等。

部件比例：服装是由不同的衣片组合而成的。这些衣片之间存在着一定的比例关系。对于衣服长度，往往以腰节、臀围线、身高等为基准，肩宽往往以实际肩宽为标准进行相应的增减，袋口大小往往以胸围为基准，袋口位置一般位于腰节以下7～8cm左右等。

6.1 单排扣女西装结构设计

6.1.1 实例效果

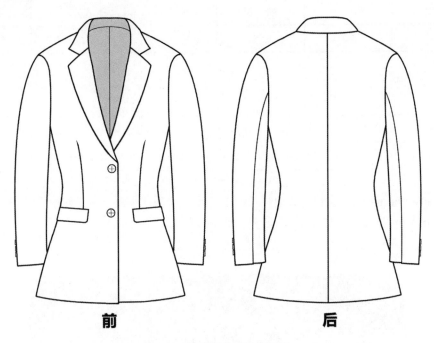

前　　　　　　　　　　　**后**

图6-1　单排扣女西装款式图

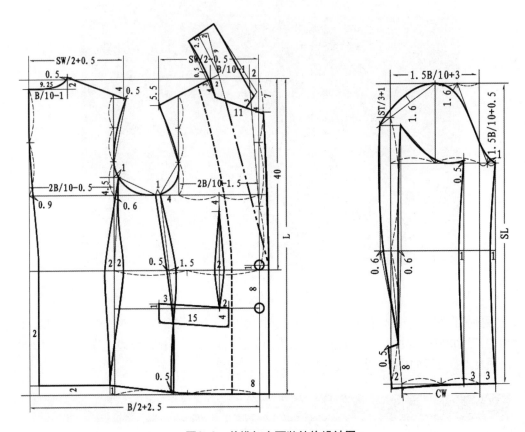

图6-2　单排扣女西装结构设计图

6.1.2 单排扣女西装衣身的制作方法

■上衣规格尺寸：

单位：cm

胸　围	肩　宽	袖　长	袖　口	衣　长	背　长
94	40	55	15	66	40

■几个公式及尺寸：

单位：cm

袖笼深	前胸宽	后背宽	前胸围	后胸围	前领口宽	后领口宽
2B/10+4	2B/10−1.5	2B/10−0.5	B/4	B/4+0.5（省）	B/10−1	B/10−1

1. 打开Adobe Illustator软件，执行菜单栏中的【文件】\【新建】命令，或使用【Ctrl】+【N】组合快捷键，设定纸张大小为120cm×120cm，命名为"单排扣女西装"，如图6-3所示。

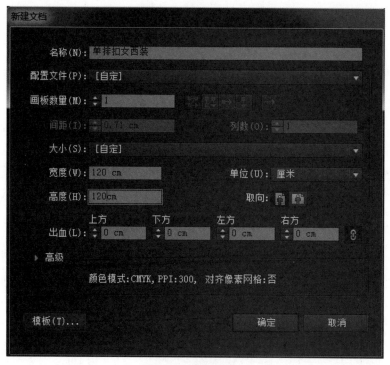

图6-3　新建文件

2. 属性栏能提供在操作中选择对象和使用工具时的相关属性，通过对属性栏中的相关属性的设置，可以控制对象产生相应的变化。先设置选择对象无填充色，描边为黑色，描边宽度为0.5pt（细线），等比线型，选项及参数设置如图6-4所示。

图6-4　属性栏中的相关属性的设置

3. 使用工具箱中的直线段工具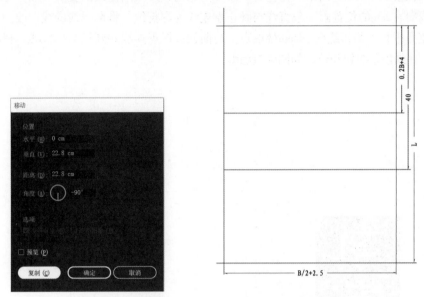分别绘制单排扣女西装长度和围度方向的基本框线，其中垂直线为衣长，水平线为B/2+2.5。将绘制的长方形四条边进行分割，用选择工具选中上平线，按住【Shift】+【Ctrl】+【M】组合键，弹出"移动"对话框，设置移动复制距离0.2B+4，单击"复制"，得到袖笼深线，按上述步骤将上平线向下移动复制距离40cm，得到背长线，如图6-5所示。

图6-5 单排扣女西装长度和围度方向的基本尺寸

4. 用步骤3的方法，使用直线段工具，画出前领口宽B/10-1cm，前领口深7cm，后领口宽B/10-1cm，后领口深2cm，前胸宽2B/10-1.5cm，后背宽2B/10-0.5cm，前落肩5.5cm，后落肩4cm，后肩宽SW/2+0.5cm，用直线工具，通过后领圈颈肩点至肩宽点连一条斜线为后肩斜线，通过前领圈颈肩点至落肩点连一条斜线为前肩斜线，完成女西装结构的基本框架，如图6-6所示。

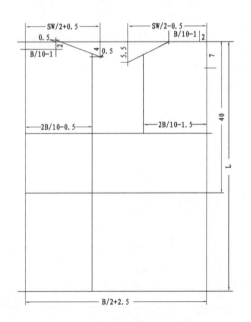

图6-6 前、后领口宽及领口深、前胸宽、后背宽、肩斜线位置的绘制

5. 用选择工具 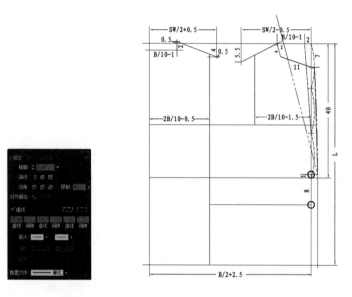 选中前中心线，将该线向右水平复制平移2cm，得到门襟线。劈门是指前中心线（叠门线）上端的偏进量，俗称劈势。因人的胸部最高点至领窝点会形成一定的斜度，为了解决胸斜度的问题，女装多采用劈门或收省加分割线暗含省量相结合的办法来处理衣服穿着后的贴身合体。在前中心线位置三等分背长线，再使用工具箱中的直线工具 ▟ ，画出劈门线，劈门宽度一般为2cm。在前中心线与背长线的交点位置向上1cm定出第一钮扣位，水平向右画直线与门襟线的交点为领口翻止点。定翻折线：在前领宽线向右2cm的位置画一条直线与翻止点连线为翻折线，将翻折线的线型改为点画线。定串口线：经前领宽点平行于翻折线向下4cm处取点，与前领口深点连线并延长为串口线。根据图中所给数据画出平驳领，并画出第二钮扣位，如图6-7所示。

图6-7 门襟线、翻折线、前领口串口线的绘制

6. 使用直线工具 ▟ 分别画出前、后袖笼的基础结构线，线宽度设置为0.5pt的"细线"，具体细节尺寸如图6-8所示。

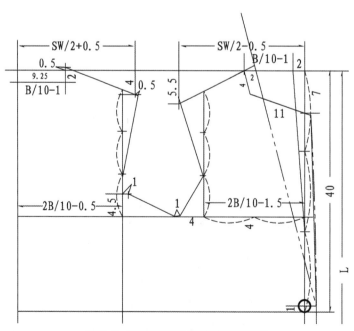

图6-8 画出前后袖笼的基础结构线

112

7. 使用钢笔工具 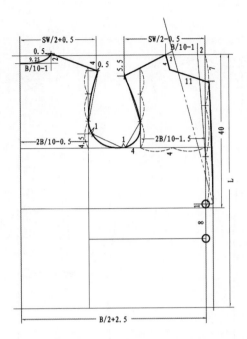 分别画出前后领口、前后肩斜、袖笼弧线的轮廓线，线宽度设置为1.5pt的"粗线"，如图6-9所示。

图6-9　画出前后领口、前后肩斜、袖笼弧线的轮廓线

8. 继续使用直线工具 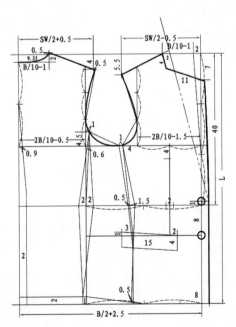 分别画出前胸省线、口袋、前袖笼省、后袖笼省、后背缝劈、前后下摆基础结构线，线宽度设置为0.5pt的"细线"。前胸省线：首先把撇胸线和胸宽线的距离做一个等分点，然后画一条垂直于腰节线的直线，与袋口线相交，袋口的大小以该直线为参照，口袋宽度一般采取固定值15cm，袋开线后方高于前方1cm，袋口斜线，为实质的开袋位置，沿袋口线向下量取4cm为口袋盖宽度，如图6-10所示。

图6-10　前胸省线、口袋、前袖笼省、后袖笼省、后背缝劈、前后下摆结构线绘制

113

9. 使用钢笔工具 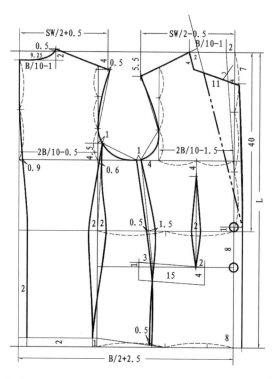 分别画出前胸省线、前袖笼省线、后袖笼省线、后背缝劈的轮廓线，线宽度设置为1.5pt的"粗线"，如图6-11所示。

图6-11　前胸省线、前袖笼省线、后袖笼省线、后背缝劈的轮廓线绘制

10. 使用钢笔工具 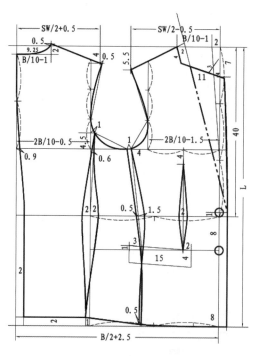 分别画出前、后下摆的轮廓线，线宽度设置为1.5pt的"粗线"，如图6-12所示。

图6-12　前、后下摆的轮廓线绘制

114

11. 将前片领口位置局部放大，使用直线工具 ![画出领子的基础结构线，线宽度设置为0.5pt的"细线"；用钢笔工具 ![分别画出领子的轮廓线，线宽度设置为1.5pt的"粗线"，细部尺寸如图6-13所示。

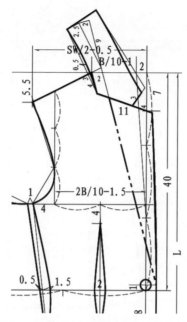

图6-13　画出领子的基础结构线与轮廓线

12. 用文本工具 ![T]完成细部的文字尺寸及公式标示，效果如图6-14所示。

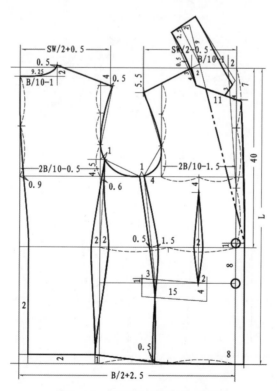

图6-14　细部的文字及尺寸标注

115

13. 继续使用钢笔工具 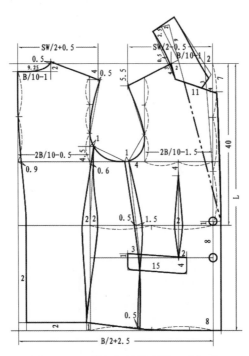 画出口袋细部，并用文本工具 ⊤ 完成文字尺寸标注，口袋盖的形状需把袋盖上的两个角画成圆角，效果如图6-15所示。

图6-15　口袋细部的绘制及尺寸标注

14. 上端沿前片颈肩点向下3cm、底边距离中心线8cm位置加上线型为虚线的贴边线，虚线宽度设置为1.5pt的"粗线"，最后完成的单排扣女西装结构设计图如图6-16所示。

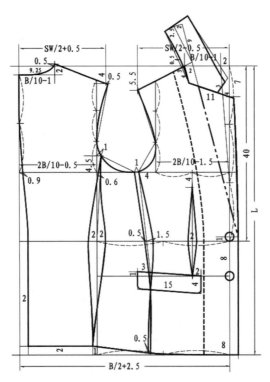

图6-16　最后完成的单排扣女西装结构设计图

116

6.1.3 单排扣女西装袖子的制作方法

由于人体手臂在自然下垂状态下，肘关节以下的前臂呈前倾状态，两片袖的结构和外观设计既符合人体手臂的自然形态，又能提供手臂活动时所需要的前势、弯势，穿着后有较好的袖身效果，集功能性和美观性于一体。

■几个公式及尺寸：

单位：cm

袖 山 高	袖 口 大	袖 长
1.5B/10+3	15	55

1. 打开Adobe Illustator软件，执行菜单栏中的【文件】\【新建】命令，或使用【Ctrl】+【N】组合快捷键，设定纸张大小为65cm×65 cm，命名为"西服袖"，如图6-17所示。

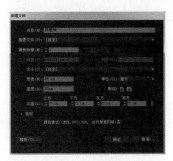

图6-17 新建文件

2. 使用工具箱中的直线段工具 分别绘制西服袖长度和围度方向的基本框线，其中垂线为袖长，水平线为袖肥，即1.5B/10+3。将绘制的长方形四条边进行分割，用选择工具 选中上平线，按住【Shift】+【Ctrl】+【M】组合键，弹出"移动"对话框，设置移动复制距离，将该上平线向下垂直移动复制距离1.5B/10+0.5，单击"复制"，得到袖山高线。需要注意的是：年龄大一些的群体袖山高可相对低一些，便于她们日常的活动，年轻一些的袖山高可以相对高一些；袖肥是根据面料来定的，弹力面料袖肥可以小一些，厚一些面料的袖肥可以比正常的宽大一些，如图6-18所示。

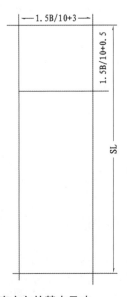

图6-18 绘制西服袖的长度和围度方向的基本尺寸

3. 用选择工具 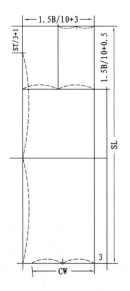 选中袖前公共边线，按住【Shift】+【Ctrl】+【M】组合键，设置移动复制距离，向右水平移动复制距离3cm，得到大袖内缝基础线；将前袖深ST/3+1与袖口线之间的距离二等分得到袖肘线；将袖肥大小二等分，得到大袖袖山顶点；袖前公共边线向后取袖宽为CW并将其二等分，如图6-19所示。

图6-19　绘制大袖内缝基础线、袖肘线

4. 绘制大袖基础线。大小袖设计必然产生大小袖互借，产生偏袖量。大小袖互借主要在前袖缝，将小袖的一部分借给大袖，产生前偏袖量，偏袖量常态下为3~5cm，后袖的偏袖对隐藏结构线无实际意义。偏袖在袖子底部加袖衩设计，大小袖袖口尺寸应相等。取后偏袖量2cm得到袖口线，在袖口线位置，取开衩长度为8cm，开衩宽度为2cm，将袖肘线向外取2cm与开衩连成斜线并向上作垂线得到大袖外缝结构基础线。使用直线工具 画出大袖的基础结构线及袖笼、袖口等处的辅助线，线宽度设置为0.5pt的"细线"，并用文本工具 完成细节处的文字尺寸标注，如图6-20所示。

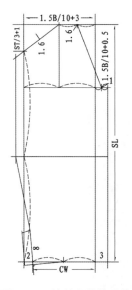

图6-20　绘制大袖基础线

118

5. 绘制小袖结构线。袖小片是在袖大片的基础上完成的，由于袖大片在袖基础上大3cm，因此袖小片相应小3cm。取前偏袖量3cm向上作垂线得到小袖内缝基础线，将袖肘线向内取2cm与开衩连成斜线并向上作垂线得到小袖外缝基础线。使用直线工具 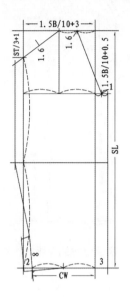 画出小袖的基础结构线及细节辅助线，线宽度设置为0.5pt的"细线"，并用文本工具 T 完成细节处的文字尺寸标注，如图6-21所示。

图6-21 绘制小袖结构线

6. 使用钢笔工具 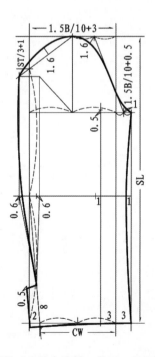 分别画出大袖山弧线、大袖内外缝、袖口、袖口开衩的轮廓线，线宽度设置为1.5pt的"粗线"，如图6-22所示。

图6-22 大袖山弧线、大袖内外缝、袖口、袖口开衩轮廓线的绘制

119

7. 继续使用钢笔工具 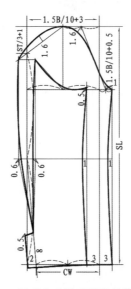 分别画出小袖山弧线、小袖内外缝、袖口、袖口开衩的轮廓线，线宽度设置为1.5pt的"粗线"，最后完成女西服袖的绘制，效果如图6-23所示。

图6-23　最后完成的西服袖结构设计图

6.2　八片裙结构设计

裙子的种类繁多，按裙长来分，有迷你裙、短裙、中长裙、长裙等；按裙子腰围线高低来分，有低腰裙、无腰裙、宽腰裙和高腰裙；按裙子外形来分，有窄裙、直裙、A字裙、斜裙、圆裙等；按裙子的片数来分，有一片裙、四片裙、八片裙、节裙等；按裙子褶的类别分，有单向褶裙、对褶裙、活褶裙、碎褶裙、立体褶裙等。下面以八片裙为例，希望能达到举一反三、推此及彼的作用。

6.2.1　实例效果

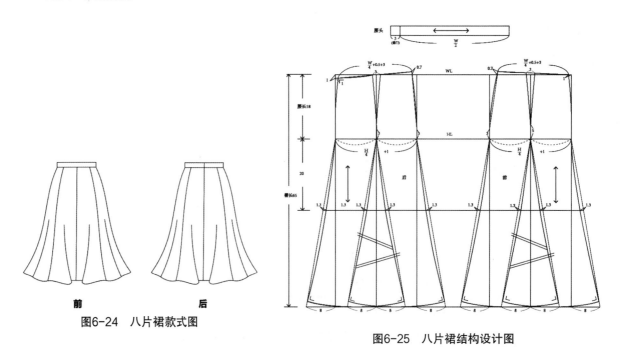

图6-24　八片裙款式图

图6-25　八片裙结构设计图

120

6.2.2 制作方法

■八片裙规格尺寸

单位: cm

腰　围	臀　围	腰　长	裙　长
64（W）+2（放松量）	90（H）+4（放松量）	18	70

■几个公式及尺寸：

单位: cm

前臀围	后臀围	前腰围	后腰围
H/4+1（放松量）	H/4+1（放松量）	W/4+0.5（放松量）+3（省）	W/4+0.5（放松量）+3（省）

1. 打开Illustator软件，执行菜单栏中的【文件】\【新建】命令，或使用【Ctrl】+【N】组合快捷键，设定纸张大小为100cm×100cm，命名为"八片裙"，如图6-26所示。

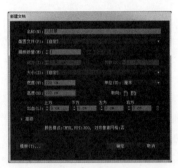

图6-26　新建文件

2. 使用工具箱中的直线段工具，将线宽度设置为0.5pt的"细线"，绘制八片裙长度和围度方向的基本框线，其中垂线为70cm –5cm（腰头宽）即得到裙长线，水平线为64(W)+2(放松量)即得到腰围线。将绘制的长方形的四条边进行分割，用选择工具选中腰围线，执行菜单【对象】\【变换】\【移动】，或按住【Shift】+【Ctrl】+【M】组合键，弹出"移动"对话框，设置移动复制距离18cm，单击"复制"，得到臀围线，按上述步骤以臀围线为基准设置垂直移动、复制距离20cm，得到裙中线，如图6-27所示。

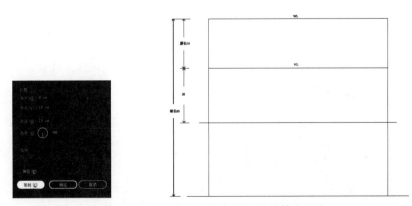

图6-27　八片裙长度和围度方向的基本尺寸

121

3. 用步骤2的方法，画出前、后裙片宽（臀围）为H/4+1cm并将前、后裙片宽分别二等分；使用直线工具 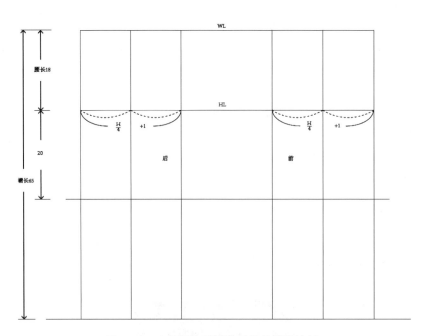，线宽度设置为0.5pt的"细线"，分别在臀围宽度等分点位置画出裙片的结构分割线（省道位置），并用文本工具 T 完成细部的文字尺寸及公式标示，如图6-28所示。

图6-28　八片裙前后臀宽及分割线的绘制

4. 分别确定前后腰侧点及起翘量、腰口劈势、省尖位置、省道大小，并将省放置在分割线。使用直线工具 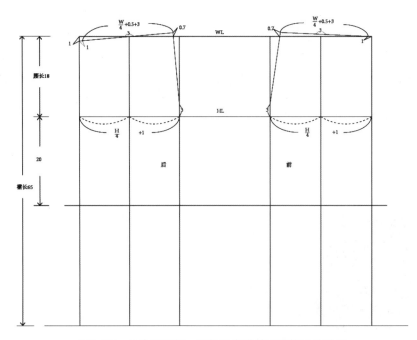，线宽度设置为0.5pt的"细线"，画出八片裙腰部、臀部及省道的基础结构线，并用文本工具 T 完成前后腰宽的公式标示，如图6-29所示。

图6-29　八片裙腰部、臀部及省道基础结构线的绘制

5. 在分割线裙摆处、裙摆两侧均匀放出摆量8cm，得到八片裙的裙摆宽；使用工具箱中的直线工具 ，线宽度设置为0.5pt的"细线"，将放出的摆量与臀围线的端点和分割点连成斜线得到八片裙的侧缝线，并用文本工具 完成细部的文字尺寸标示，如图6-30所示。

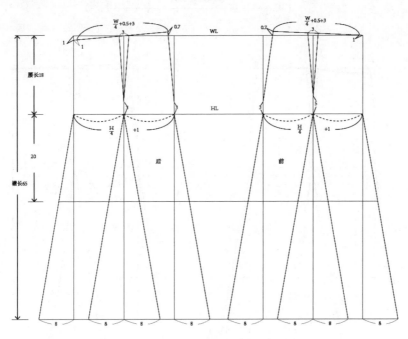

图6-30　八片裙裙摆及侧缝线的绘制

6. 使用钢笔工具 ，线宽度设置为1.5pt的"粗线"，分别画出前、后裙片轮廓线，前侧缝线，后侧缝线，前腰口线，后腰口线，下摆弧线，调整节点，修顺各片轮廓线，效果如图6-31所示。

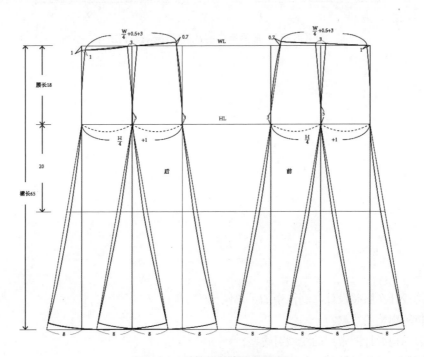

图6-31　八片裙轮廓线的绘制

123

7. 使用直线工具 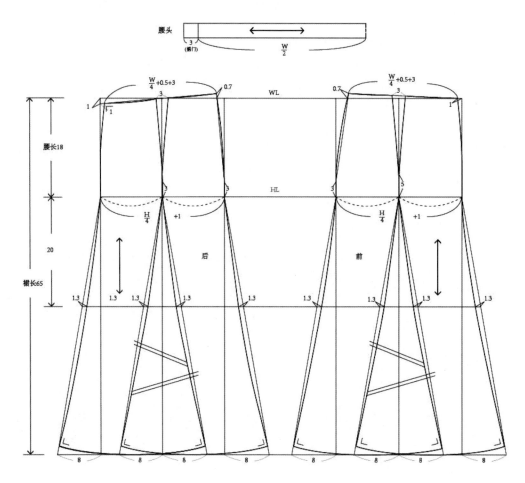，绘制八片裙的腰头，添加文字尺寸及公式标示后即完成八片裙结构图的绘制，最后完成的前、后裙片的结构设计图如图6-32所示。

图6-32　最后完成的八片裙结构设计图

练习与思考

1. 简述结构设计在服装设计与制作中的重要性。

2. 如何编辑轮廓笔的线型？

3. 绘制服装结构设计图常用的线型有哪些？

4. 绘制系列服装结构设计图，并进行填色或填充面料练习。

第7章　服饰配件设计应用实例

服饰有广义服饰和狭义服饰之分。广义的服饰指人穿戴装扮的一种行为，泛指服饰文化。狭义的服饰指衣服上的服饰，常指服饰配件及饰物装饰品。

■帽子：帽子很轻易地就能表现出个人的品味，帽子的色泽和式样必须和衣着及个性相配。

■首饰：用于头、颈、胸及手等部位的装饰物，如耳环、项链、领巾、胸花、眼镜、手表等是最常见的首饰物之一。

■腰饰：用于腰部位的装饰物，如腰带等。

■包饰：指具有装饰性的背包、拎在手上的拎包、挎在肩部的挎包等。

■鞋、袜：首先考虑舒适，但仍必须配合衣着的气氛和脚的形状。

■肩饰：用于肩部的装饰物，如围巾、披肩等。

■领饰：用于领口部位的装饰物，如领结、领带、别针等。

在服饰配件中，鞋、包和袜子是必须穿戴品，其他服饰配件往往都是装饰性大于实用性。在服饰配件设计时，必须注意"适量就是美"这个原则。

7.1　休闲包的设计

时装配件的潮流犹如时装一般，日新月异，变化无穷。而它的地位也逐渐上升，成为人们衣着打扮中不可缺少的一部分。包，不仅用于存放个人用品，也能体现一个人的身份、地位、经济状况乃至性格等。一个经过精心选择的皮包具有画龙点睛的作用，它能体现一个人的独特魅力。

包按照造型风格和用途进行分类有：生活用包（休闲包、时装包、宴会晚装包、筒包、迪包、腰包、沙滩包、化妆包、银包），公事和职业用包（女士包、男士包、公文包），运动和旅行用包，专用包（学生包、电脑包、相机包、手机包、钥匙包），创意包等。

包的结构一般由包身、肩带（手挽）、袋口拉链三部分组成，包的前面叫前幅，后面叫后幅，左右身叫侧幅，包身外的口袋叫外插袋，内身的插袋叫内插袋，袋口的盖面叫盖头，带与包身的衔接一般是挂钩或者圆圈类的五金件、锁扣等。

7.1.1　实例效果

图7-1　休闲包的设计效果

7.1.2　制作方法

1. 运行Adobe Illustator软件，执行菜单栏中的【文件】/【新建】命令，或使用【Ctrl】+【N】组合快捷键新建文件，建立画布和网格，文件名为"休闲包"，图像大小设置为A4，如图7-2所示。

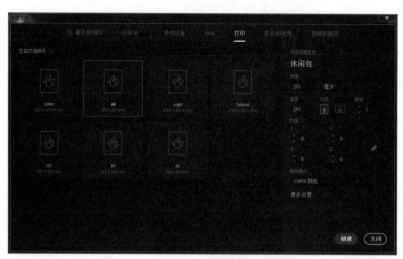

图7-2　新建文件

2. 选择工具箱的钢笔工具，勾勒"休闲包"包身的基本轮廓线，尺寸为42cm×38cm，如图7-3所示。为了更准确地勾勒图形，建议打开智能参考线（智能参考线在"视图"菜单栏中，或【Ctrl】+【U】），如图7-4所示。

图7-3　休闲包包身基本轮廓线

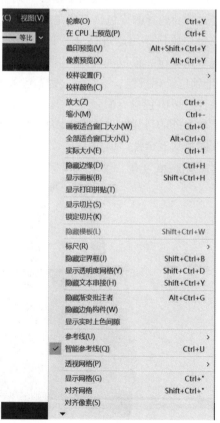

图7-4　选择智能参考线

126

3. 按照休闲包的结构，用钢笔工具，绘制休闲包的肩带（手挽）结构图，并画出装饰细节，如图7-5所示。

图7-5　休闲包的肩带（手挽）结构图

4. 将绘制好的包身和肩带进行组合，并绘制休闲包肩带的搭环、搭扣，完成休闲包主体部分线稿的绘制，如图7-6所示。

5. 在图7-6的基础上，用钢笔工具，绘制休闲包前幅的锁扣、外插袋、装饰绳等部件，如图7-7所示。

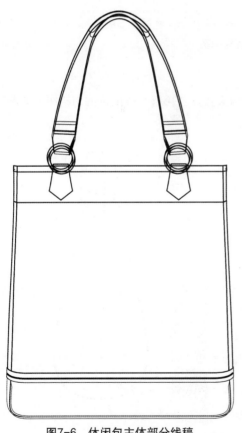

图7-6　休闲包主体部分线稿

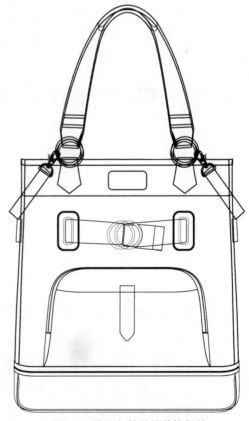

图7-7　休闲包的前幅装饰部件

6. 用钢笔工具 ✏️，在图7-7基础上继续绘制休闲包侧幅结构图，如图7-8所示。

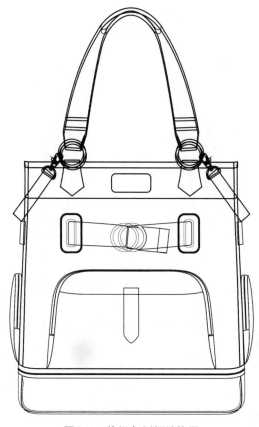

图7-8　休闲包侧幅结构图

7. 用钢笔工具 ✏️ 在空白区域绘制休闲包圆圈类的装饰五金件及拉链头等配件的结构图，如图7-9所示。

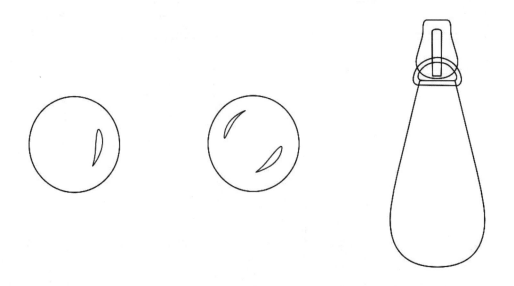

图7-9　休闲包圆圈类的装饰五金件及拉链头结构图

8. 将上述绘制好的装饰五金件及拉链头等配件放在休闲包前幅和侧幅的相应位置，如图7-10所示。

9. 绘制休闲包的装饰明线，选择钢笔工具  ，装饰明线参数设置如图7-11所示，在相应处绘制休闲包的装饰明线，装饰明线绘制完后就完成了休闲包正面款式图黑白稿的绘制，完成效果如图7-12所示。

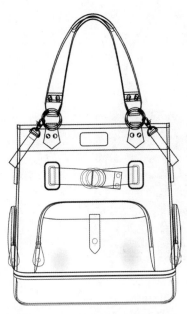

图7-10　绘制休闲包的装饰配件

图7-11　装饰明线参数设置

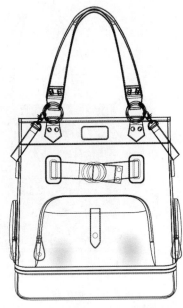

图7-12　休闲包正面款式图黑白稿

10. 按照绘制休闲包正面款式图黑白稿的方法绘制休闲包背面的款式图，完成的休闲包背面款式黑白稿如图7-13所示。

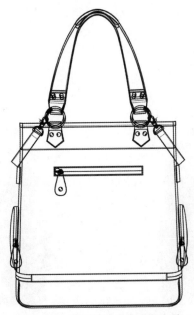

图7-13　休闲包背面款式黑白稿

129

11. 使用选择工具，选取包身的主要部分，单击工具选项栏中的颜色选项，在弹出的"色板"对话框中将填色的CMYK数值设为（49，38，67，0）并单击"确定"，将包身主要部分填充为橄榄绿色，将包的侧边细节填充为灰绿色，CMYK数值设为（21，17，24，1），增加休闲包的立体感，完成效果如图7-14所示。

12. 继续使用选择工具将休闲包的侧幅也填充为灰绿色，CMYK数值设为（21，17，24，1），效果如7-15所示。

图7-14　休闲包包身主要部分填色　　　　　　　图7-15　休闲包侧幅填色

13. 使用选择工具，选取包身底部部分及肩带、拉链、锁扣等其他相应的细节部分填充为棕色，CMYK数值设为（60，84，80，42）；将肩带装饰部分填充为黑色，CMYK数值设为（93，88，89，80），效果如图7-16所示。

14. 使用选择工具，选取包身装饰线，将其颜色更改填充为浅灰色，CMYK数值设为（21，17，24，18），效果如图7-17所示。

图7-16　休闲包装饰部件上色　　　　　　　图7-17　休闲包装饰线颜色调整

15. 使用选择工具 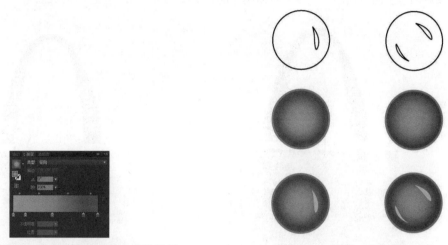，选择休闲包的圆圈类装饰五金件进行渐变填充，颜色参数设置如图7-18所示，描边，并绘制高光，CMYK数值为（0，19，54，8），完成效果如7-19所示。

图7-18　圆圈类五金件渐变填充颜色参数设置　　　　图7-19　圆圈类五金件填充效果

16. 将肩带搭环、装饰绳和拉链分别复制到空白处，按照上述方法将肩带搭环、装饰绳夹扣及拉链头等其他五金部位进行渐变填充并绘制高光，然后分别将装饰绳绳带部位、拉链拉头部位填充为灰绿色、棕色，CMYK值分别为（21，17，24，1）、（60，84，80，42），完善其他细节，完成效果图如7-20所示。

图7-20　休闲包其他装饰配件的填充效果

131

17. 将绘制的五金部件以及拉链、装饰绳等细节图形添加至包身，并添加、调整细节，完成休闲包正面款式的上色，效果如图7-21所示。

18. 按休闲包正面款式的上色方法对休闲包的背面款式进行填充上色，完成效果如图7-22所示。

图7-21　休闲包正面款式的上色图　　　　图7-22　休闲包背面款式的上色图

19. 将休闲包的正面、背面款式图的上色图进行组合，最终完成的休闲包效果图如图7-23所示。

图7-23　完成的休闲包效果图

132

7.2 鞋子的设计

鞋子是重要的服饰配件之一，它关系到服饰造型的整体美。鞋子的种类很多，有凉鞋、布鞋、运动鞋、旅游鞋、休闲鞋、皮鞋，皮鞋又分平跟、中跟、高跟、中靴、高靴等。

鞋子的设计本身不是孤立的，因为鞋子设计本身是为了与服装配套，所以设计师在设计鞋子的时候，一定要将鞋子的款式、面料、色彩与服装的款式、面料、色彩相协调。彩条、蝴蝶结、花卉图案、黑白条纹、绑带设计、镂空图案等在鞋子的设计中运用十分广泛。

鞋款的设计实际上是点、线与面组合。可以运用点、线、面之间组合、排列、分割等规律来设计鞋款，对于点线面组合形成的体就是所要表达的空间感，只要抓住它的关系点就能把握鞋款整体形态的表现。空间感是画好鞋款最关键的一点，它贯穿鞋子的底和楦形。把握好空间感的表现，就能把握好鞋款的比例。

7.2.1 实例效果

图7-24　鞋子的设计实例效果

7.2.2 制作方法

1. 运行Adobe Illustator软件，执行菜单栏中的【文件】\【新建】命令，或使用【Ctrl】+【N】组合快捷键新建文件，设定纸张大小为200mm×200mm，文件名为"运动鞋"，如图7-25所示。

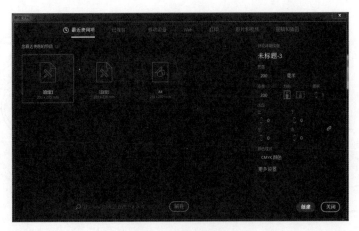

图7-25　新建文件

133

2. 选择工具箱的画笔工具 ，勾勒运动鞋鞋身的基本轮廓线，如图7-26所示。

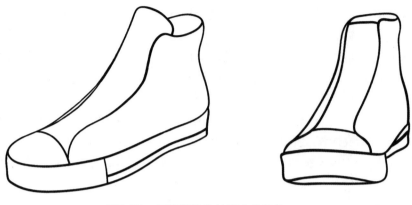

图7-26　运动鞋鞋身的基本轮廓线

3. 选择工具箱的椭圆工具 ，按照鞋带的透视关系依次画出如图7-27所示运动鞋鞋带孔图形。

图7-27　运动鞋鞋带孔图形

4. 选择工具箱的画笔工具 ，画出运动鞋鞋带线描图形，结合使用锚点工具，为曲线增加若干节点，并将节点调到使线条圆顺，完成运动鞋鞋带线描稿的绘制，如图7-28所示。

图7-28　运动鞋鞋带线描稿

5. 选择工具箱的画笔工具 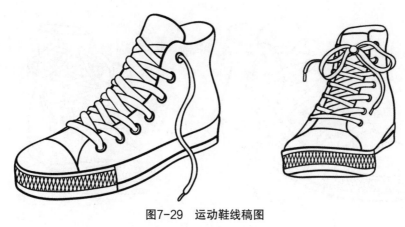，在鞋底表面鞋头位置深浅两块装饰皮之间绘制锯齿形装饰，如图7-29所示。

图7-29　运动鞋线稿图

6. 选择工具箱的画笔工具 ，在鞋的表面位置绘制出装饰明线，如图7-30所示。

图7-30　运动鞋装饰明线线稿图

7. 使用选择工具 ，选取鞋底部图形，单击工具选项栏中颜色选项，在弹出的"色板"对话框中将填色的CMYK数值设为（3，22，14，0）并单击"确定"，将鞋底部填充为粉色，效果如图7-31所示。

图7-31　鞋面底部填充为粉色

135

8. 继续使用选择工具 ，选取鞋前部图形，以及鞋带孔，并为其填充粉色，CMYK数值设为（3，22，14，0），效果如图7-32所示。

图7-32　鞋面前部填充为粉色

9. 使用选择工具 ，选取鞋舌部分，填充为绿色，CMYK数值设为（58，0，55，0），效果如图7-33所示。

图7-33　鞋舌填充为绿色

10. 使用选择工具 ，选取鞋面的左右侧面图形，填充为绿色，CMYK数值设为（58，0，55，0），效果如图7-34所示。

图7-34　鞋面左、右侧面填充为绿色

11. 使用选择工具 ▷，选取鞋带图形，填色为CMYK数值（3，22，14，0），效果如图7-35所示。

图7-35　鞋带填充效果

12. 继续使用选择工具 ▷，选取鞋里图形，填色为CMYK数值（49，0，95，0），效果如图7-36所示。

图7-36　鞋里填充效果

13. 选择所有运动鞋图像进行编组，最后将运动鞋进行组合，完成效果如图7-37所示。

图7-37　最后完成运动鞋的绘制效果

137

练习与思考

1. 服饰配件的含义是什么?具体种类有哪些?

2. 简述表现色彩明暗关系的手法有哪些?

3. 什么是"旋转"的"应用到再制"功能？举例说明在服饰设计中的应用情况。

4. 设计制作一款时尚女表。

5. 设计制作一款运动鞋。

第8章　头像表现技法应用实例

头像表现是关于人物头部的设计表现方案，不仅是发型设计、化妆设计的基础，而且是服装设计效果图表现的重要组成部分。同时，它还常见于商业用途的CG（Computer Graphic）作品中。在现代商业社会中，头像表现的应用范围极其广泛，无论是游戏、动画、漫画、电视、电影等娱乐领域，还是广告、宣传、CI等商业领域，处处都有人物头像表现的用武之地。

8.1　头像的实例效果

图8-1　头像实例效果

8.2　制作方法

1. 打开 Adobe Illustator软件应用程序，执行菜单栏中的【文件】\【新建】命令，或使用【Ctrl】+【N】组合快捷键，设定名称为"头像实例"，设定纸张大小为100mm×100mm，单击"确定"，如图8-2所示。

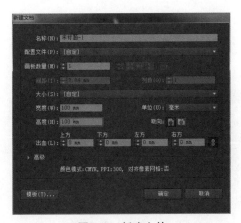

图8-2　新建文件

2. 使用钢笔工具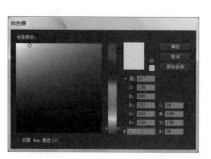勾勒出脸部轮廓，双击工具箱中的填色按钮，弹出"拾色器"对话框，设置各项参数，CMYK值为（0，16，17，0），并单击"确定"按钮，将脸部填充为肤色，效果如图8-3所示。

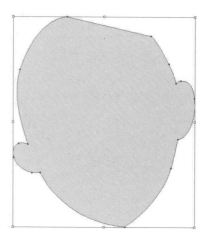

图8-3 脸部轮廓填充为肤色

3. 选择画笔面板，打开新建书法画笔，在书法画笔选项中设置参数，如图8-4所示。

图8-4 书法画笔选项参数设置

4. 使用设置的书法画笔，绘制脸部左边轮廓线条，设置色彩CMYK值为（6，42，42，0），并单击"确定"按钮，如图8-5所示。

图8-5 绘制脸部左边轮廓线条

140

5. 选择画笔面板 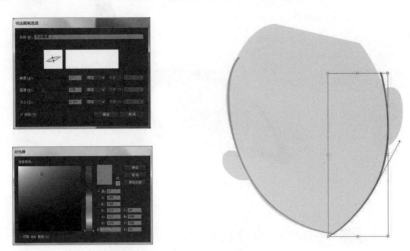，打开新建书法画笔，在书法画笔选项中设置参数，绘制脸部右边轮廓线条，设置色彩CMYK值为（9，54，36，0），并单击"确定"按钮，如图8-6所示。

图8-6　绘制脸部右边轮廓线条

6. 灵活运用书法画笔工具，使用同样方法绘制其他轮廓线。双击橡皮擦工具 ，在橡皮擦工具选项中设置大小为5pt，擦出耳朵上的高光效果。缩小橡皮擦大小值，擦出下颌上的高光，如图8-7所示。使用【Ctrl】+【A】选中所有脸部，使用快捷键【Ctrl】+【G】群组，并使用快捷键【F7】打开图层面板，将群组命名为"脸颊"。

图8-7　使用设置的书法画笔擦出耳朵、下颌上的高光效果

7. 单击新建图层按钮 ，双击"新建图层2" ，在"图层选项"中设置名称为"五官"，单击"确定"按钮，如图8-8所示。

图8-8　新建图层选项

8. 使用钢笔工具 ，勾勒出眼睛的形状，填充为黑色，如图8-9所示。

图8-9　眼睛绘制

9. 继续使用钢笔工具 ，绘制睫毛和眼球上的高光，填充为黑色和白色，如图8-10所示。

图8-10　睫毛及高光绘制

10. 使用钢笔工具 ，绘制上眼皮的阴影，双击工具箱中的填色按钮 ，弹出"拾色器"对话框，设置颜色CMYK值为（46，38，35，0），填充为灰色，使用快捷键【Ctrl】+【Shift】+【[】，将眼皮的阴影置于底层，如图8-11所示。

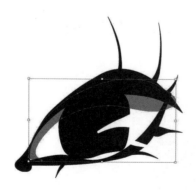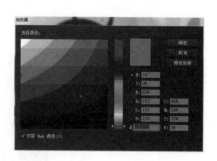

图8-11　眼皮阴影绘制

11. 继续使用钢笔工具 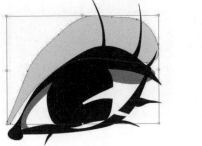，绘制眼影，双击工具箱中的填色按钮 ，弹出"拾色器"对话框，设置颜色CMYK值为（23，0，7，0），填充为蓝色，使用快捷键【Ctrl】+【Shift】+【[】将眼影部分置于底层，如图8-12所示。

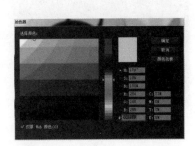

图8-12　眼影绘制

12. 双击橡皮擦工具 ，在橡皮擦工具选项中设置大小为2pt，擦出眼影上的高光效果，如图8-13所示。

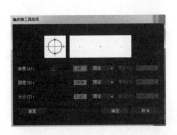

图8-13　擦出眼影高光

13. 使用选择工具 ，选中整只右边的眼睛，用快捷键【Ctrl】+【G】群组并复制，通过水平翻转和旋转调整左边眼睛的位置，群组左边的眼睛，如图8-14所示。

图8-14　绘制两只眼睛并群组

14. 再次使用【Ctrl】+【G】群组左右两只眼睛，在F7图层面板中将编组命名为"眼睛"，如图8-15所示。

图8-15　在图层面板中将编组命名为"眼睛"

143

15. 使用钢笔工具 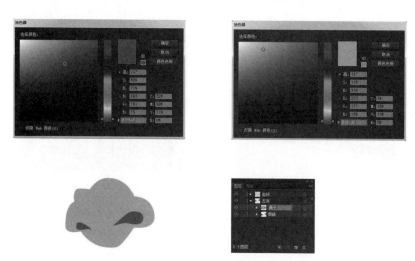，绘制鼻子，分别设置填色CMYK值（13，67，26，0）和（44，89，61，3），将鼻子进行填色，群组鼻子，将编组命名为"鼻子"，如图8-16所示。

图8-16　鼻子的绘制

16. 使用钢笔工具 ，绘制嘴唇和唇线，分别设置填色CMYK值（13,67,26,0）和（44,89,61,3），将嘴唇群组，编组命名为"嘴唇"，如图8-17所示。

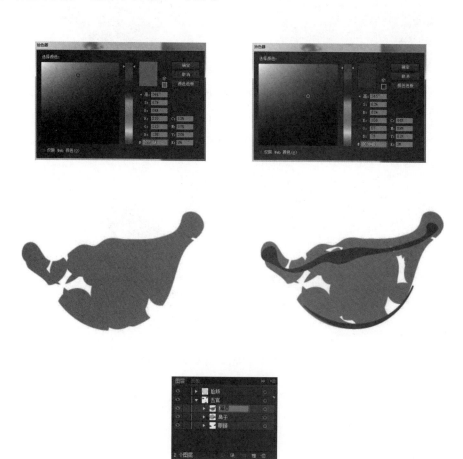

图8-17　嘴唇的绘制

17. 使用钢笔工具 绘制眉毛，将眉毛的填色CMYK值分别设置为（64，74，82，39）和（2，36，31，0），群组眉毛，将编组命名为"眉毛"，如图8-18所示。

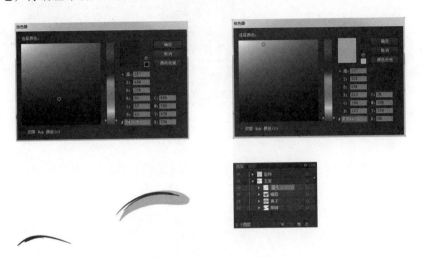

图8-18　眉毛的绘制及编组

18. 将"眼睛""鼻子""嘴唇"和"眉毛"摆放在脸颊合适的位置，完成脸部的绘制，如图8-19所示。

图8-19　完成的脸部绘制

19. 在眼睛的下方左右两侧，分别使用钢笔工具 ，勾出腮红，填色CMYK值为（4，35，19，0），群组左右腮红，将编组命名为"腮红"，如图8-20所示。

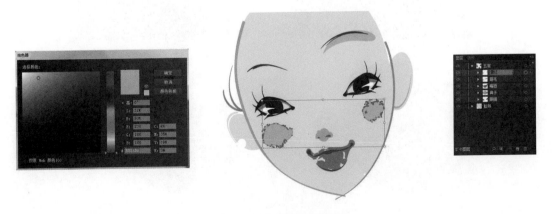

图8-20　腮红的绘制及编组

20. 新建编组，命名为"白底"，置于"五官"图层的底层，如图8-21所示。

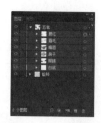

图8-21　新建"白底"组

21. 使用大小为1pt的书法画笔，将眼白、嘴唇上的高光涂抹成白色，如图8-22所示。

图8-22　眼白、嘴唇上的高光涂抹

22. 使用钢笔工具 ，绘制头发轮廓，填色CMYK值分别为（64，74，82，39）和（2，36，31，0），群组头发，将编组命名为"发型"，如图8-23所示。

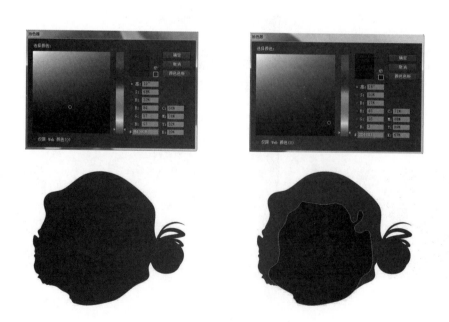

图8-23　将编组命名为"发型"

23. 继续使用钢笔工具 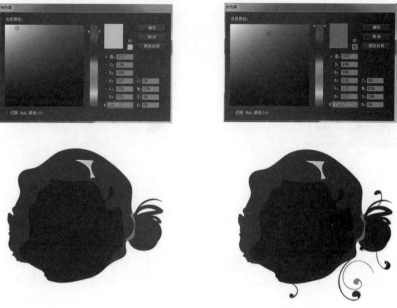，绘制发饰，填色CMYK值分别为（0，27，1，0）和（6，67，38，0），如图8-24所示。

图8-24　绘制发饰

24. 使用钢笔工具 ，绘制如图8-25形状，填充与头发外轮廓相同颜色，选择"外观面板" ，在"不透明度"中选择"滤色"模式，选取所有"头发"，使用快捷键【Ctrl】+【G】群组，如图8-25所示。

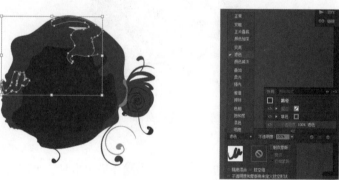

图8-25　头发滤色处理

25. 继续使用钢笔工具 ，绘制发丝，填色CMYK值为（33，44，43，0），如图8-26所示。

图8-26　绘制发丝

26. 将"头发""脸颊"和"五官"图层依次从下到上摆放在合适的位置，使用钢笔工具 勾出发丝的形状，在控制栏中选择适合的画笔和形状为发丝描边，如图8-27所示。

图8-27　发丝描边

27. 分别使用椭圆工具 以及直线工具 ，为头发、五官做出高光效果，并使用钢笔工具 绘制出耳饰形状，填充或描边为白色，如图8-28所示，使用快捷键【Ctrl】+【G】群组头部，完成头部的绘制。

图8-28　完成头部的绘制

28. 新建图层，命名为"身体"，分别使用钢笔工具 和描边工具，绘制身体轮廓，填充相应颜色，如图8-29所示。

图8-29　身体绘制

29. 选择画笔工具，设置参数，绘制衣服上装饰字母，使用直线工具  在身体上做出高光效果，描边为白色，选中整个身体，使用快捷键【Ctrl】+【G】群组身体，如图8-30所示。

图8-30　身体细节绘制

30. 将头部和身体组合起来，使用快捷键【Ctrl】+【G】将整个头像编组，完成头像绘制。执行菜单栏【文件】\【存储为】命令，在保存的文件名中输入"头像应用实例"，格式为"AI"，以完成图像的保存，如图8-31所示。

图8-31　完成头像实例绘制

练习与思考

1. 如何新建书法画笔并设置参数，进行图像的描边？

2. 头发的绘制表现可以用哪些方法来实现？

3. 使用Adobe Illustator软件绘制一幅上色头像作品。

第 9 章　服装效果图表现技法应用实例

9.1　全身线描稿服装效果图表现

9.1.1　实例效果

图9-1　服装效果图全身线描稿

9.1.2　制作方法

1.打开Adobe Illustator软件应用程序，执行菜单栏中的【文件】\【新建】命令，或使用【Ctrl】+【N】组合快捷键，设定名称为"服装效果图"，设定纸张大小为A4，210mm×297mm，单击"确定"，如图9-2所示。

图9-2　新建文件

2. 执行菜单栏中的【视图】\【显示网格】命令，或使用【Ctrl】+【"】组合快捷键，打开网格参考线，如图9-3所示。

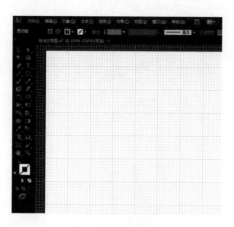

图9-3　网格显示

3. 使用钢笔工具 ，将头部绘制在网格适合位置，描边设置为0.25pt，头部的刻画一般先用钢笔工具绘制出发线和发饰线，如图9-4所示。

图9-4　头部线描稿

4. 继续使用钢笔工具 ，绘制眉毛、眼框、睫毛、眼珠、瞳孔、鼻子、嘴唇、高光和投影，描边设置为0.25pt，完成头部的细部绘制，如图9-5所示。

图9-5　脸部细部绘制

151

5. 使用钢笔工具 绘制身体和服装的各个主要部分，描边设置为0.25pt，画线稿时必须注意人体形态和比例关系、衣纹线与人体动作的关系等，如图9-6所示。

图9-6 绘制身体和服装的各个主要部分

6. 继续使用钢笔工具 绘制腿部、鞋子等，描边设置为0.25pt，如图9-7所示。

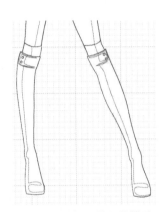

图9-7 腿部、鞋子线描稿

7. 使用钢笔工具 绘制手提包，描边设置为0.25pt，如图9-8所示。

图9-8 手提包线描稿

8. 将手提包摆放在模特右手位置，完成服装效果图全身线描稿绘制，执行菜单栏【文件】\【存储】命令，以完成图像的保存，如图9-9所示。

图9-9　服装效果图全身线描稿

9.2 全身彩色稿服装效果图表现

9.2.1 实例效果

图9-10　全身彩色服装效果图

154

9.2.2　制作方法

1. 使用直接选择工具，并按住【Shift】键，选中脸颊和腮红，双击工具箱中的填色按钮，弹出"拾色器"对话框，参数设置CMYK值为（0，39，44，0），并单击"确定"按钮，将脸颊填充为肤色，效果如图9-11所示。

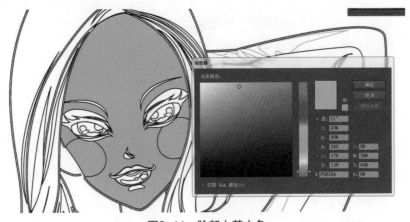

图9-11　脸部上基本色

2. 继续使用直接选择工具，并按住【Shift】键，选中上、下眼线和眼珠中黑色区域，填充为黑色，如图9-12所示。

图9-12　上、下眼线和眼珠填充为黑色

3. 使用直接选择工具，选择眉毛，打开渐变面板，选择线性渐变，设置渐变参数（位置、角度、不透明度等），同时滑块设置位置0的 CMYK值（57，95，100，50），位置87的 CMYK值（42，71，100，4），位置100的 CMYK值（18，49，48，0），调整渐变参数，眉毛渐变效果如图9-13所示。

图9-13　眉毛渐变上色

155

4. 继续使用直接选择工具 ，选择眼影部分，打开渐变面板 ，选择线性渐变，双击渐变滑块，设置滑块各位置颜色，位置0的 CMYK值（0，43，34，0），位置2.5的 CMYK值（0，43，34，0），位置77的 CMYK值（0，71，30，0），位置100的 CMYK值（0，20，12，0），单击工具栏中的渐变面板 ，调整渐变参数，眼影区域渐变效果如图9-14所示。

图9-14　眼影区域渐变上色

5. 使用直接选择工具 ，选择下眼影部分，填充色CMYK值为（0，21，12，0），如图9-15所示。

6. 继续使用直接选择工具 ，选择眼球上的高光部分，打开不透明度面板，调整眼球上的高光部分透明度，设置参数如图9-16所示。

图9-15　下眼影上色

图9-16　眼睛高光透明度部分调整稿

7. 使用直接选择工具 ，选择眼球瞳孔部分，打开渐变面板 ，选择线性渐变，双击渐变滑块，设置滑块各位置颜色，位置0的 CMYK值（0，2，54，0），位置100的 CMYK值（54，100，100，43），单击工具栏中的渐变面板 ，调整渐变参数，瞳孔区域渐变效果如图9-17所示。

图9-17　瞳孔渐变上色

8. 使用直接选择工具 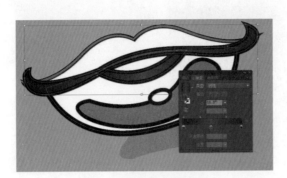，选择唇线区域，打开渐变面板 ，选择线性渐变，并选取适当颜色，双击渐变滑块，设置滑块各位置颜色，位置0的CMYK值（57，94，100，50），位置1.7的CMYK值（57，94，100，50），位置48的CMYK值（47，81，100，14），位置100的CMYK值（57，95，100，50），单击工具栏中的渐变面板 ，调整渐变参数，唇线区域渐变效果如图9-18所示。

图9-18 唇线渐变上色

9. 使用直接选择工具 ，分别选择上、下嘴唇，打开渐变面板 ，选择径向渐变，并选取适当颜色，双击渐变滑块，设置滑块各位置颜色，位置0的CMYK值（0，50，19，0），位置23的CMYK值（0，50，19，0），位置96的CMYK值（0，66，17，0），位置100的CMYK值（0，66，17，0），单击工具栏中的渐变面板 ，调整渐变参数，上、下嘴唇区域渐变效果如图9-19所示。

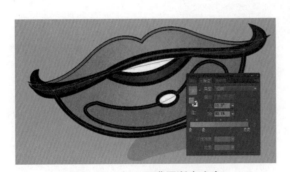

图9-19   上、下嘴唇渐变上色

10. 使用直接选择工具 ，选择腮红区域，打开渐变面板 ，选择径向渐变，选取腮红色到肤色的渐变，设置角度参数如图9-20所示。

图9-20 腮红部分渐变上色

157

11. 填充其他身体部位皮肤区域，主要部分皮肤参数设置如图9-21所示，阴影部分皮肤参数设置如图9-22所示，整体皮肤上色效果如图9-23所示。

图9-21　主要部分皮肤参数设置

图9-22　阴影部分皮肤参数设置

图9-23　整体皮肤上色效果

12. 同样的方法，使用直接选择工具，选择头发平涂区域填色之后，选择头发的渐变区域，打开渐变面板，选择"线性"渐变，分别调整各渐变区域的角度，整体头发上色效果如图9-24所示。

图9-24　头发上色

158

13. 使用直接选择工具 ，选择上衣中平涂区域，填色效果如图9-25所示。

图9-25　上衣平涂上色

14. 选择上衣的渐变区域，打开渐变面板 ，选择"线性"渐变，分别调整各渐变区域的角度，效果如图9-26所示。

图9-26　上衣渐变上色

15. 使用直接选择工具 ，选择上衣领部区域，打开渐变面板 ，选择"线性"渐变，分别调整各渐变区域的角度，效果如图9-27所示。

图9-27　上衣领部渐变上色

16. 使用直接选择工具，选择上衣下摆区域，打开渐变面板，选择"线性"渐变，分别调整各渐变区域的角度，效果如图9-28所示。

图9-28　上衣下摆渐变上色

17. 使用直接选择工具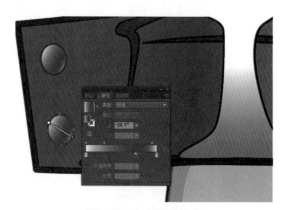，选择扣子区域，打开渐变面板，选择"线性"渐变，分别调整各渐变区域的角度，效果如图9-29所示。

图9-29　扣子渐变上色

18. 使用直接选择工具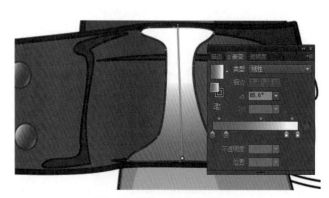，选择袖口高光区域，打开渐变面板，选择"线性"渐变，分别调整各渐变区域的角度，效果如图9-30所示。

图9-30　袖口高光渐变上色

19. 使用直接选择工具 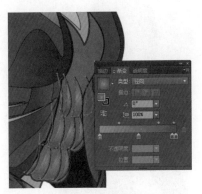，选择紧身衣上色区域，打开渐变面板，选择"线性"渐变，分别调整各渐变区域的角度，效果如图9-31所示。

图9-31　紧身衣上色

20. 使用直接选择工具，分别选取裙子中平涂区域和渐变区域进行填色，在裙中央使用钢笔工具绘制一块近似椭圆的区域，在中间做一个不透明度逐渐降低的径向渐变，参数设置如图9-32所示。

图9-32　裙子不透明度调整

21. 手提包着色。使用直接选择工具，分别选择手提包中平涂区域和渐变区域进行填色，渐变参数设置如图9-33、图9-34所示。

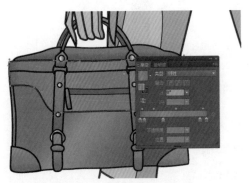

图9-33　手提包红色区域渐变

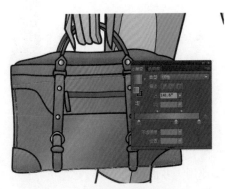

图9-34　手提包绿色区域渐变

22. 完成彩色服装效果图的绘制，效果如图9-35所示。

图9-35　完成的彩色服装效果图

练习与思考

1. 简要说明用Adobe Illustator软件制作服装效果图的方法。

2. 使用渐变面板在服装效果图填充色彩时有什么技巧？

3. 设计制作一款或一个系列的服装效果图。

标志设计组合

标志设计

吊牌设计

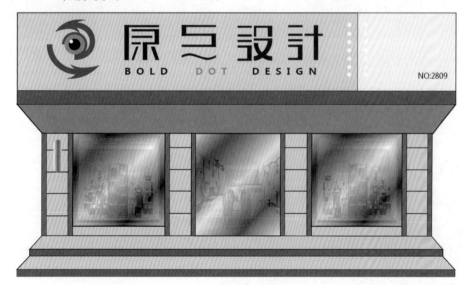

专卖店设计

适合纹样设计

连续纹样设计

适合纹样设计

格子面料

格子面料

格子面料

格子面料

格子面料

格子面料

蕾丝面料

针织面料

针织面料

牛仔面料

印花面料

刺绣面料

头像作品

款式设计

款式设计

款式设计

运动鞋设计

休闲包设计

款式设计

服装设计